첫 번째 **도형** 이야기

ZUKEI(JOU)

by Masashi KOWADA, Nobuo TAJIMA ⓒ 2002

Korean translation copyright ⓒ 2014 by Jakeunchaekbang Publishing Co.
Korean translation rights arranged with Sa-E-La Shobo Publishers Inc.
through Japan Foreign-Rights Centre/Shinwon Agency Co.

생각하는 초등수학

첫 번째 도형 이야기

ⓒ 고와다 마사시 · 다지마 노부오, 2014

초 판 1쇄 발행일 2007년 9월 10일
개정판 1쇄 발행일 2014년 7월 17일

지은이 고와다 마사시 · 다지마 노부오
옮긴이 고선윤　**그린이** 신숙
펴낸이 김지영　**펴낸곳** Gbrain
마케팅 김동준 · 조명구　**제작 · 관리** 김동영

출판등록 2001년 7월 3일 제2005-000022호
주소 121-895 서울시 마포구 어울마당로 5길 25-10 유카리스티아빌딩 3층
　　　　　　　　　　(구. 서교동 400-16 3층)
전화 (02)2648-7224　**팩스** (02)2654-7696

ISBN 978-89-5979-325-9 (64410)
　　　978-89-5979-331-0 SET

• 책값은 뒤표지에 있습니다.
• 잘못된 책은 교환해 드립니다.
• Gbrain은 작은책방의 교양 전문 브랜드입니다.

그림으로 원리를 알 수 있는

첫 번째
도형 이야기

고와다 마사시 · 다지마 노부오 지음

고선윤 옮김 | 신 숙 그림

Gbrain

기본 개념부터 원리 이해까지
숲과 나무를 동시에 볼 수 있도록 구성된 책

"수학을 좋아하나요?"

"아니요!"

"왜요?"

"어려워서요!"

학교 현장에서 학생들과 대화를 나누다 보면 종종 수학이 어려워서 싫다고 하는 말을 자주 듣게 된다. 이런 말을 들을 때마다 학생들을 가르치는 교사로서 안타깝고 답답할 때가 많았다. 그러나 '생각하는 초등수학'이라는 책을 접하고 그동안 답답했던 마음을 해소해 줄 수 있는 방법을 찾은 것 같아 무척 반가웠다.

효과적인 학습과 관련하여 '듣기만 한 것은 잊어버리고(I hear and I forget), 본 것은 기억되지만(I see and I remember), 해 본 것은 이해할 수 있다(I do and I understand)'는 말이 있다. 학생들이 직접 따라서 그려 보면서 이해하도록 구성되어 있는 '생각하는 초등수학' 시리즈 중

《첫 번째 도형》은 학생들이 스스로 작도 활동을 통하여 쉽게 기억하고, 이해할 수 있는 장점이 있다. 특히, 실생활과 관련지어 구성된 친근한 설명 방식과 삽화를 제시함으로서 학생들이 많이 혼동하는 '직선', '선분', '변' 등의 개념에 대해 명확하게 구분할 수 있도록 하였다. 더욱이 〈생각하는 초등수학〉 시리즈 중 《첫 번째 도형》은 도형 개념의 시작인 점과 선에서부터 도형의 닮음까지의 내용을 초등학생들이 단계적으로 이해할 수 있도록 구성하여 정확한 개념학습이 필요한 여러 학생들에게 큰 도움이 되리라 생각한다.

이 책은 초등학교 교육 과정에서 중학교 교육 과정까지 단계적으로 학습하는 도형의 여러 개념과 성질들을 일목요연하게 정리해 놓아 학생들이 도형에 관련된 개념에 대해 궁금증이 생길 때 찾아볼 수 있는 사전과 같은 책이다.

〈생각하는 초등수학〉은 도형에 대한 기본 개념의 이해가 부족한 학생들과 도형 영역을 체계적으로 정리하고자 하는 학생들에게 많은 도움을 줄 수 있는 책이라고 생각한다.

유재삼 구룡초등학교 선생님

논리적 사고력 향상을 위해 수학은 기본입니다

"수학을 왜 공부하나요?"

초등학교에서 20년이 넘게 아이들을 가르치면서 첫 번째 수학시간에 수학에 대하여 질문을 해 보라고 하면 아이들이 가장 많이 하는 질문입니다.

수학은 왜 공부해야 할까요?

초등학교의 고학년만 되어도 가장 하기 싫은 과목 1위 또는 2위를 다툴 정도로 학생들에게 학습에 대한 부담으로 작용하지만 사실 수학은 우리가 살아가는 데 매우 유용한, 꼭 배워야 하는 학문입니다. 일상 생활과 사회의 여러 가지 현상 중 수에 관계된 것을 체계적으로 간결하게 표현하는 학습을 통하여 수학적 감각을 키우고 논리적 사고력을 향상 시키기 위해서는 반드시 수학을 공부해야 합니다.

"수학 공부를 잘 하려면 어떻게 해야 하나요?"

이 질문은 초등학교 4학년 학생들이 자주하는 질문입니다. 우리

나라 사람들은 수학을 잘하는 학생을 공부를 잘 하는 학생으로 알고 있습니다.

　그래서 어린 학생을 보면 "수학 잘 하니?"라고 묻는 경우가 많습니다.

　초등학교에서 수학이 어려워지기 시작하는 때가 4학년 때입니다. 4학년이 되면 큰 수, 분수와 소수를 학습하고 좀 더 복잡한 문제를 해결하는 학습을 하게 되어 이해가 부족한 학생은 수학 성적이 떨어지는 경우가 많습니다. 이는 수학의 원리에 대한 이해의 부족으로 인한 현상이라 할 수 있습니다.

　수학의 각 영역에 따른 기본적인 원리를 이해하고 이를 수식으로 나타내는 것을 통하여 고등수학을 공부하는 기초를 이룰 수 있습니다.

　따라서 '생각하는 초등수학' 시리즈를 통하여 초등학교에서 학습하는 수학의 영역에 따른 원리를 확실하게 이해하면 중학교와 고등학교에 진학해서도 수학을 좀 더 잘 이해하고 문제 해결을 잘할 수 있는 지름길이 될 것입니다.

최 광호 서울교대 부설초등학교 선생님

도형을 배우기 위한 준비

삼각형

각과 평행

삼각형의 합동

삼각형의 닮음

이 책을 읽을 때 주의해야 하는 점입니다.

• 이 책은 생각하면서 천천히, 그리고 꼼꼼히 읽어 보세요.

• 종이와 연필, 삼각자, 컴퍼스 등을 사용해서 실제로 확인하면서 읽어 보세요.

• 생각해도 모르는 부분이 있다면 그냥 두고, 그 다음을 읽어 보세요.
  나중에 다시 읽으면 이해가 될 것입니다.

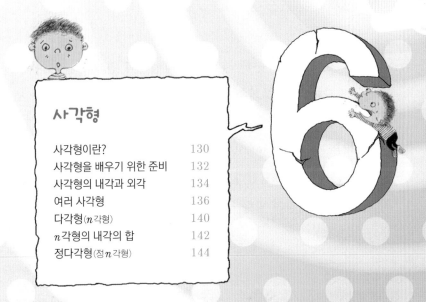

사각형

들어가는 말

여러분은 학교에서 수학 시간에 삼각형이나 원과 같은 도형을 공부하고 있습니다. 이렇게 삼각형이나 원과 같은 도형의 성질을 조사하는 학문을 '기하학'이라고 합니다.

기하학은 지금부터 3600년 정도 전에 고대 이집트 문명이 싹튼 나일 강 부근에서 시작되었다고 합니다. 땅의 모양이나 면적, 건물 등의 높이, 별과 태양의 방향 등 여러 가지를 측정하는 데 기하학이 사용되었습니다.

땅을 측정하는 것도 중요한 일입니다.

피라미드의 높이를 재기 위해서는 기하학이 필요합니다.

그리고 지금부터 2200년 정도 전에 고대 그리스의 수학자 유클리드가 《원론(기하학 원본)》이라는 기하학 책을 펴냈습니다.

《원론》

유클리드

지금부터 여러분이 공부하고자 하는 이 책은 《원론》의 내용을 바탕으로 이루어져 있습니다.

원론이라는 책은 처음에 몇 개의 규칙(공리)을 마련하고, 그것을 바탕으로 순서대로 도형의 성질(정리)을 설명했습니다. 그리고 왜 그렇게 되는지 이유(증명)를 논하고 있습니다. 원론은 이렇게 순서대로 기록되어 있어서 그 후의 과학과 수학의 기본이 되었습니다.

《생각하는 초등수학》은 원리를 제대로 알고, 그것을 이해하는 즐거움을 가르치기 위한 책입니다. 원리를 바로 이해하고, 그것을 다른 사람에게 설명할 수 있는 것이 과학적 사고의 기본입니다. 기하학을 배우는 일은 도형의 성질을 아는 것뿐만이 아니라 과학적 사고를 키우는 데 많은 도움이 됩니다.

따라서 《첫 번째 도형》을 읽을 때는 여기에 적힌 글들을 스스로 확인하면서 읽기 바랍니다. 또한 다른 과학 책도 주의 깊게 읽어야만 내용을 잘 이해할 수 있습니다.

생각하는 것도 재미있는 일이야.

재미있다.

다른 여러 도형들
배워 봅시다.

I장 ⭐ 도형을 배우기 위한 준비

궁금한 건
'도형을 배우기 위한 준비'를 보면
알 수 있어요.

수업시간에 "큰 수를 적어 보세요"라고 한다면 여러분은 어떻게 적을 건가요?

아래의 그림은 어느 교실의 모습입니다.

이 교실의 학생들도 헷갈리는 모양입니다. 왼쪽의 학생은 '큰 수'라는 말을 커다란 모양의 숫자라고 생각했습니다. 오른쪽의 학생은 내용을 생각해서 56103이라는 수를 적었습니다. 여러분은 어느 쪽이 옳다고 생각하나요?

실은 어느 쪽이 옳다고도 틀렸다고도 할 수 없습니다. 왜냐하면 '100'을 큰 수라고 느끼는 사람도 있고, '1000'도 크다고 느끼지 않는 사람도 있기 때문에 '큰 수'라는 말의 뜻은 확실하지 않습니다.

말을 주고받을 때 뜻이나 답이 바뀌는 일은 특히 수학에서는 곤란합니다. 그래서 먼저 도형에서 사용하는 말의 뜻을 확실하게 정해 두겠습니다.

2 점

여러분은 '점'이라는 말을 어떻게 사용하고 있나요?

수학에서 점이란 위치를 지정하기 위한 것입니다.

점을 찍을 때는 점을 놓고 싶은 위치에 그다지 크지 않게 '.'을 그립니다. 이때 점 옆에 알파벳의 대문자($A, B, C, \cdots$)를 하나 덧붙여서 점에 이름을 붙여 주기도 합니다.

선

여러분은 '선'이라는 말을 어떻게 사용하고 있나요?

저는 경부선입니다.

좋은 선, 있어 있어~.

수학에서는 선을 '점의 이동에 따라 생기는 흔적'이라고 생각합니다. 점을 어떻게 이동하는가에 따라 다양한 선이 만들어집니다.

종이에 선을 그릴 때는 굵지 않은 선을 그립니다. 그리고 선 옆에 알파벳 소문자($a, b, c, \cdots$)를 하나씩 덧붙여서 선에 이름을 붙여 줍니다.

점   선

선은 점이 이동한 흔적입니다.

a

b

선에는 각기 다른 이름을 붙입니다.

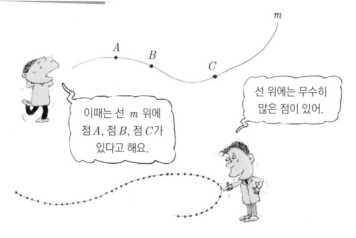

이때는 선 m 위에 점 A, 점 B, 점 C가 있다고 해요.

선 위에는 무수히 많은 점이 있어.

선 위에는 무수히 많은 점이 있습니다. 선은 끊어지는 부분 없이 무수히 많은 점으로 이어져 있다고 생각할 수 있습니다.

체크

아래의 그림과 같은 경우, '점 A는 선 m 밖에 있다' 혹은 '점 A는 선 m 위에 없다'라고 합니다.

'점 A는 선 m 위에, 점 B는 선 m의 밑에 있다'라고는 하지 않아요.

 선 중에서 실이 팽팽하게 당겨진 것처럼 뻗은 곧은 선을 '직선'
이라고 합니다. 굽은 선은 **곡선**이라고 합니다. 또한 꺾어진 직선은
꺾은선이라고 합니다.

5 직선을 정하는 점

아래의 그림을 보세요. 점 A와 점 B를 지나는 선은 무수히 많이 있습니다.

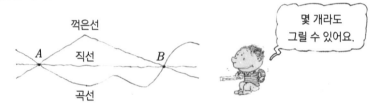

꺾은선

직선

곡선

> 몇 개라도 그릴 수 있어요.

그러나 점 A와 점 B를 지나는 직선은 하나밖에 없습니다. 두 점이 있을 때, 그것을 지나는 직선은 항상 하나입니다. 이것은 두 점이 있다면 한 직선이 정해진다는 말입니다.

점 A, B를 지나는 직선을 **직선 AB**(혹은 직선 BA)라고 합니다.

한 점을 지나는 직선은 무수히 많이 있습니다. 또한 세 개의 다른 점을 지나는 직선은 하나도 없을 수도 있습니다.

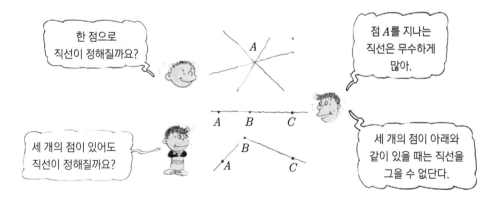

> 한 점으로 직선이 정해질까요?

> 점 A를 지나는 직선은 무수하게 많아.

> 세 개의 점이 있어도 직선이 정해질까요?

> 세 개의 점이 아래와 같이 있을 때는 직선을 그을 수 없단다.

선분과 반직선

두 점 사이를 똑바로 그은 선을 '선분'이라고 합니다. 그리고 두 점 A, B 사이의 선분을 **선분 AB**(혹은 선분 BA)라고 합니다.

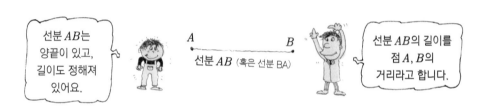

선분 AB는 양끝이 있고, 길이도 정해져 있어요.

A B
선분 AB (혹은 선분 BA)

선분 AB의 길이를 점 A, B의 거리라고 합니다.

직선과 마찬가지로 두 다른 점 A, B가 있다면, 선분 AB가 하나 정해집니다

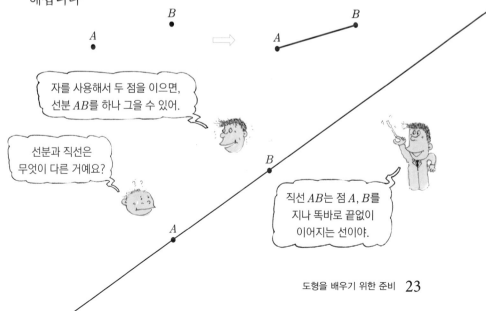

B

A

$\Rightarrow$

B

A

자를 사용해서 두 점을 이으면, 선분 AB를 하나 그을 수 있어.

선분과 직선은 무엇이 다른 거예요?

B

A

직선 AB는 점 A, B를 지나 똑바로 끝없이 이어지는 선이야.

선분의 한 점에서 한쪽으로만 끝없이 늘인 곧은 선을 '**반직선**'이라고 합니다. 반직선의 한쪽에는 끝이 있지만, 다른 한쪽으로는 길이가 (한쪽의 길이는) 끝없이 늘어납니다.

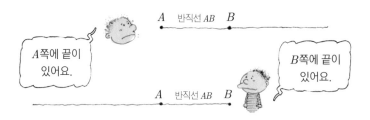

반직선은 선분 한쪽을, 직선은 선분 양쪽을 끝없이 늘인 것입니다. 선분의 끝을 끝없이 늘이는 것을 선분을 '**연장**'한다고 합니다.

체크

> '연장한다'고 해도 실제의 종이 위에는 끝이 있습니다. 따라서 종이에 직선을 그을 때는 필요한 길이만큼만 긋고, 머릿속에서 '끝없이 계속된다'고 생각합니다.

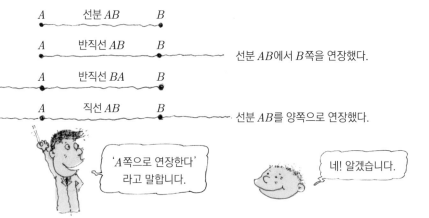

여기에 두 직선 m, n이 있습니다. 두 선이 만났을 때, 만난 부분은 점이 됩니다.

이 점을 A라고 할 때 '직선 m과 직선 n은 점 A에서 교차한다'라고 합니다.

선이 교차된 점을 '교점'이라고 합니다.

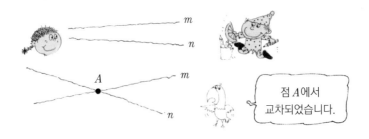

점 A에서 교차되었습니다.

두 직선이 만날 때, 교점은 반드시 하나입니다. 당연한 것 같지만, 중요한 사실입니다.

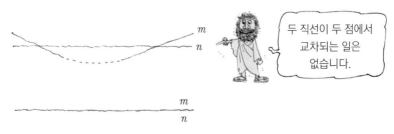

두 직선이 두 점에서 교차되는 일은 없습니다.

m과 n이 포개어지면 한 직선이 됩니다.

두 직선과 평행

이번에는 아래의 그림과 같이 직선 m, n이 언제까지나 만나지 않고 나란히 있다고 합시다.

이때 '직선 m과 직선 n은 평행이다'라고 합니다.

이쪽은 교차되지 않습니다.

m ——————————
n ——————————

이쪽도 교차되지 않아요.

아래의 그림에서 m과 n은 평행, j와 k도 평행이지만, m과 k는 평행이 아닙니다.

j k

m ——————————

n ——————————

평행이 아니면 반드시 어느 한 점에서 만납니다.

휴식

평행이라는 말은 어떨 때 사용하는 것일까요? '두 사람의 대화는 평행선을 달렸다'라는 말은 아무리 이야기를 해도 서로 타협점을 찾지 못한다는 뜻입니다.

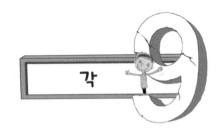

아래의 그림과 같이 반직선 AB, AC가 있다고 합시다.

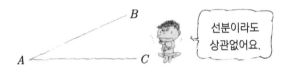

이때 한 점에서 만나는 두 반직선이 이루는 도형을 '각' 혹은 '각도'라고 합니다.

각은 퍼진 크기이므로 선의 길이와는 관계가 없습니다.

아래의 그림은 모두 위의 그림과 같은 각을 그린 것입니다.

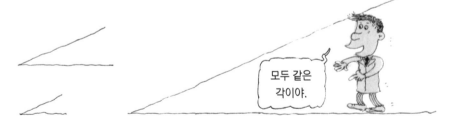

두 각이 같다면, 포개었을 때 꼭 맞게 포개어집니다.

두 각을 포개었을 때…	꼭 맞게 포개어 지므로 똑같다.	꼭 맞게 포개어지지 않으므로 같지 않다.

직각

아래의 그림과 같이 직선 m을 긋고, 그 위에 점 A를 생각합니다. 좌우가 같은 각이 되도록 A에서 반직선 AB를 그립니다.

이때 AB와 m이 만드는 각을 '**직각**'이라고 합니다.

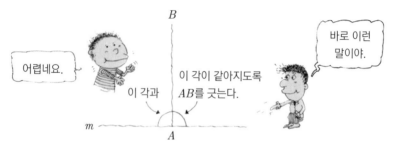

직각은 공책 모서리, 책상 모서리, 창 모서리 등 우리 주변에 많이 있습니다.

각은 퍼짐의 크기이므로 그것을 수로 나타내면 편리합니다. 직각을 $90°$, 퍼짐이 없는 각을 $0°$라고 합니다.

직각 $=90°$

퍼짐이 없다 $=0°$

$90°$의 $\dfrac{1}{90}$ 크기의 각 $=1°$

°은 '도'라고 읽지만 온도의 °와 각의 °는 상관이 없습니다.

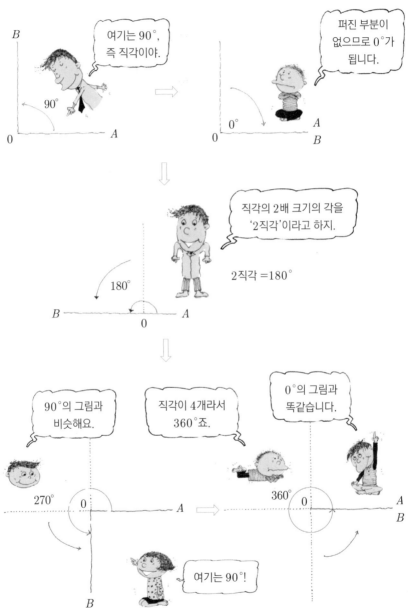

여기는 90°, 즉 직각이야.

퍼진 부분이 없으므로 0°가 됩니다.

B

90°

A

0

0°

A

B

0

직각의 2배 크기의 각을 '2직각'이라고 하지.

2직각 $=180°$

180°

B

A

0

90°의 그림과 비슷해요.

직각이 4개라서 360°죠.

0°의 그림과 똑같습니다.

270°

0

A

360°

0

A

B

여기는 90°!

B

각을 실제로 잴 때는 보통 각도기를 사용합니다.

각도기에는 보통 180°의
각을 180등분한 눈금이
그려져 있어요.

아래의 그림에서 ○ 표시를 한 부분을 재기 위해서는 다음과 같이
합니다.

← 이 부분의 눈금을 읽는다.

각 끝부분을 각도기의 중심에 맞춘다.

또한 각도기를 사용해서 35°의 각을 만들고 싶을 때는 아래와 같
이 합니다.

35°인 부분에 점을 찍는다.

점과 0을 잇는다.

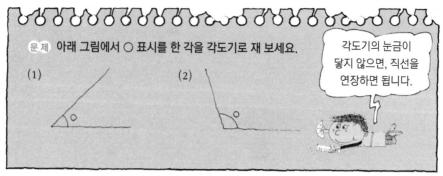

문제 아래 그림에서 ○ 표시를 한 각을 각도기로 재 보세요.

(1)

(2)

각도기의 눈금이
닿지 않으면, 직선을
연장하면 됩니다.

2개의 직선 - 수직과 직교

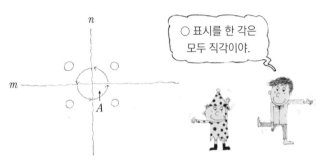

○ 표시를 한 각은
모두 직각이야.

위의 그림과 같이 두 직선 m, n이 점 A에서 직각을 이루며 만났을
때, '직선 m, n은 점 A에서 **직교**한다' 혹은 '직선 m, n은 점 A에서
수직으로 만난다'라고 합니다.

'**수직**'이란 말은 두 직선이 어떻게 만나는지 나타내고, '직각'은 각
의 크기를 나타냅니다.

직각일 때는 이런 표시를
사용하는 일이 많아요.

직각은 90°라는 각의
크기를 나타내요.

준비는
이것으로 끝!

'직교'나 '수직'은 두 직선이
어떻게 교차되는가를
나타내는 말이에요.

도형을 배우기 위한 준비

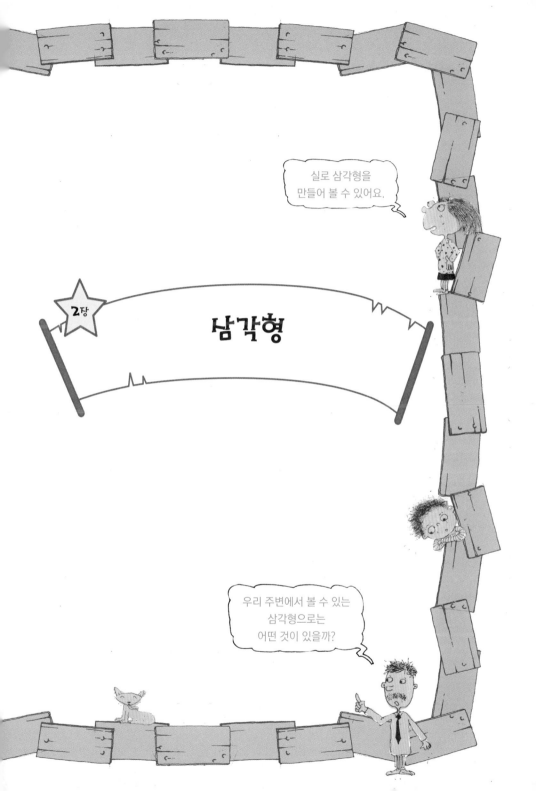

실로 삼각형을
만들어 볼 수 있어요.

2장

삼각형

우리 주변에서 볼 수 있는
삼각형으로는
어떤 것이 있을까?

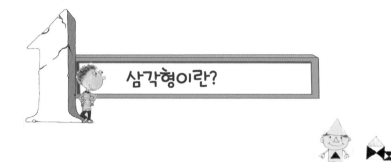

삼각형이란?

여러분은 삼각형이 어떤 도형인지 알고 있을 것입니다.

이런 도형입니다.

삼각형~

위의 도형은 모두 삼각형입니다. 그런데 '삼각형이란 ~한 도형이다'라는 말로 나타내고 싶습니다.

세 각이 있는 모양일까?

말로 하려니 어렵네.

세 각(모서리)이 있다면 삼각형일까요?

①   ②   ③

위의 도형은 삼각형이 아닙니다. 그 이유는

①의 도형은 아래의 선이 굽어 있습니다.

②의 도형은 왼쪽 선이 끊어져 있습니다.

③의 도형은 위의 모서리가 둥급니다.

삼각형을 말로 하면 '삼각형은 세 직선으로 둘러싸인 도형'이라고 할 수 있습니다.

이제까지의 사실을 실을 사용해서 직접 확인해 봅시다.

여기에 실로 만든 고리가 하나 있습니다. 고리 안에 세 바늘을 넣고, 각각 다른 방향으로 팽팽하게 당깁니다. 여기서 만들어지는 실의 모양이 삼각형입니다.

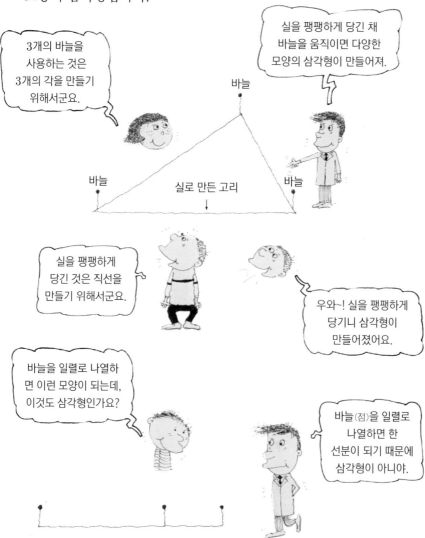

3개의 바늘을 사용하는 것은 3개의 각을 만들기 위해서군요.

실을 팽팽하게 당긴 채 바늘을 움직이면 다양한 모양의 삼각형이 만들어져.

바늘

바늘

실로 만든 고리

바늘

실을 팽팽하게 당긴 것은 직선을 만들기 위해서군요.

우와~! 실을 팽팽하게 당기니 삼각형이 만들어졌어요.

바늘을 일렬로 나열하면 이런 모양이 되는데, 이것도 삼각형인가요?

바늘(점)을 일렬로 나열하면 한 선분이 되기 때문에 삼각형이 아니야.

문제 1 삼각형은 어떤 도형인지 말로 설명해 보세요.

문제 2 아래에서 삼각형이라고 생각되는 것을 골라 보세요.

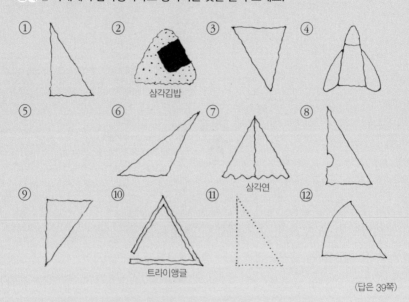

① ② 삼각김밥 ③ ④

⑤ ⑥ ⑦ 삼각연 ⑧

⑨ ⑩ 트라이앵글 ⑪ ⑫

(답은 39쪽)

문제 3 아래의 도형에는 각각 몇 개의 삼각형이 있을까요?

① 하나 둘... ②

(답은 39쪽)

여러분의 주변을 살펴 보세요. 삼각형이 있나요? 아마 별로 없을 것입니다. 그런데 왜 우리 주변에 많지 않은 도형인 삼각형을 배우는 것일까요?

삼각형… 삼각형…
대체 뭐가 있지?

삼각형에 대해서
왜 배우는 걸까?

왜냐하면 삼각형이 가장 기본이 되는 도형이기 때문입니다(일각형이나 이각형이라는 도형은 없습니다. 세 개보다 적은 직선으로 둘러쌀 수는 없습니다). 삼각형의 성질은 모든 도형의 성질과 이어집니다. 그래서 삼각형의 성질을 잘 배우면 다른 도형도 훨씬 쉽게 이해할 수 있습니다. 아래와 같이 어렵게 보이는 도형도 모두 삼각형으로 나누어서 생각할 수 있습니다.

직선으로 둘러싸인 도형은
삼각형으로 나누어서 생각할 수 있다.

원도 잘게 잘라서 나누면
삼각형과 비슷해진다.

삼각형 그리기

이제부터 삼각형을 노트에 그릴 준비를 합니다. 도형을 그리는 일을 '작도'라고 합니다.

삼각형에는 '모서리'가 3개 있는데, 이것을 '꼭짓점'이라고 합니다. 꼭짓점과 꼭짓점 사이의 선분을 '변'이라고 합니다.

삼각형에는 3개의 꼭짓점과 3개의 변이 있습니다.

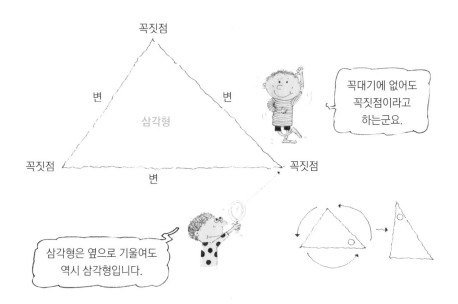

꼭짓점

변　　　　　변

삼각형

꼭짓점　　　　　　　　　꼭짓점

변

꼭대기에 없어도 꼭짓점이라고 하는군요.

삼각형은 옆으로 기울여도 역시 삼각형입니다.

★**37쪽의 답** 문제 2 정확한 삼각형 ①,③,⑥,⑨
문제 3 ① 7개 ② 15개

세 변 중, 하나의 변을 1변, 두 변을 2변, 세 변을 3변이라고 합니다.

이제 작도를 하기 위해서 아래의 준비물을 준비합시다.

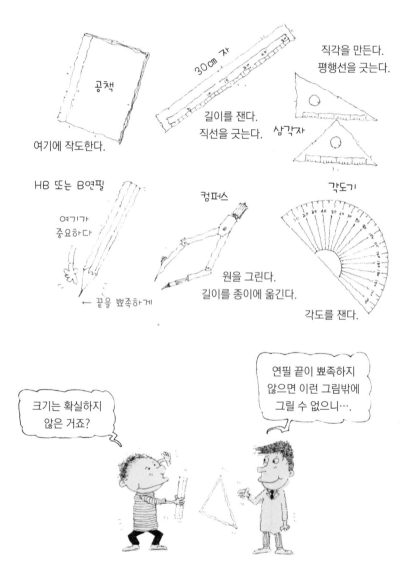

삼각형 그리기-1

삼각형은 '세 직선으로 둘러싸인 도형'이므로, 그냥 '삼각형을 그려라'라고 한다면 아주 다양한 삼각형을 그릴 수가 있습니다.

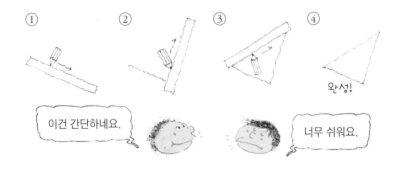

① ② ③ ④

완성!

이건 간단하네요.

너무 쉬워요.

그런데 이제부터 작도하는 것은 단순히 삼각형을 그리는 것이 아니라 '~와 같은 조건의 삼각형을 그려 보세요'라는 지시에 따라 '~의 조건'에 맞는 삼각형을 그리는 것입니다.

'~'와 같은 삼각형을 그려 보세요.

'~' 부분을 조건이라고 합니다. 이제부터 조건에 맞는 삼각형을 그려 보는 거예요.

예제 1 한 변이 4cm인 삼각형을 그려 보세요.

• 점

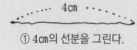

① 4cm의 선분을 그린다.

② 선분 밖에 점을 찍는다.

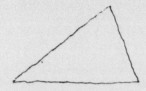

③ 선분의 양끝과 점을 각각 잇는다.

한 변이 4cm인 삼각형은 다양한 모양으로 얼마든지 그릴 수 있습니다. 그것은 그림 ②처럼 선분 밖의 다양한 위치에 점을 찍을 수 있기 때문입니다.

> 이 그림에는 한 변이 4cm인 삼각형이 10개 있습니다.

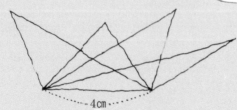

위의 그림을 보면 한 변의 길이가 정해져도 다양한 모양의 삼각형을 그릴 수 있다는 사실을 알 수 있습니다.

연습 1 한 변이 7cm인 삼각형을 그려 보세요.

예제 2 두 변이 각각 4cm와 3cm인
삼각형을 그려 보세요.

······ 4cm ······

① 4cm의 선분을 그린다.

3cm

② 컴퍼스를 3cm로 벌리고,
①의 선분의 끝에서 그림처럼
원의 일부를 그린다.

③ ②에서 그린 선 위에 점을 찍고,
①의 선분의 양끝과 잇는다.

2변이 4cm와 3cm인 삼각형도 다양한 모양으로 얼마든지 그릴 수 있습니다.

3cm

4cm

컴퍼스 바늘

컴퍼스에서 그린 선과
바늘까지의 길이는
모두 3cm네요.

3cm

3cm

컴퍼스 바늘

어느 한 점에서 같은 길이의
선분을 많이 그을 때는 컴퍼스를
사용하면 편리하다는 사실.

연습 2 두 변의 길이가 모두 5cm인 삼각형을 그려 보세요.

예제 3 세 변이 5cm, 4cm, 3cm인 삼각형을 그려 보세요.

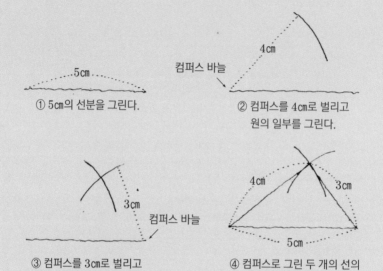

① 5cm의 선분을 그린다.

컴퍼스 바늘

② 컴퍼스를 4cm로 벌리고 원의 일부를 그린다.

컴퍼스 바늘

③ 컴퍼스를 3cm로 벌리고 원의 일부를 그린다.

④ 컴퍼스로 그린 두 개의 선의 교점과 선분의 양끝을 잇는다.

여기서는 컴퍼스를 사용하고 있는데, 컴퍼스가 없어도 그릴 수 있는지 확인해 봅시다.

① 먼저 5cm의 선분을 그립니다. 이것은 컴퍼스가 없어도 가능합니다.

② 다음은 5cm의 선분의 한쪽 끝에서 4cm의 선분을 그어 두 번째의 변을 정합니다. 이것도 컴퍼스 없이 가능합니다.

③ 그리고 두 변의 끝을 이어서 세 번째의 변을 완성합니다. 그런데 이것이 좀처럼 3cm가 되지 않습니다.

4cm의 변을 아무리 많이 그려 봐도 나머지 한 변이 좀처럼 3cm가 되지 않아.

4cm
4cm
4cm
4cm
3cm?
5cm

컴퍼스 없으면 정확하게 못 그리는 거예요?

마지막 변이 3cm가 되기 위해서는 대단히 많은 4cm의 변을 그려 봐야 합니다. 그런데 컴퍼스는 두 번만 사용하면, 세 변이 5cm, 4cm, 3cm인 삼각형을 간단하게 그릴 수가 있습니다. 이것은 그림 ②에서 컴퍼스가 4cm의 변을 무수하게 많이 그리는 역할을 했고, 그림 ③에서는 3cm의 변을 무수하게 많이 그리는 역할을 했기 때문입니다.

연습 3 세 변의 길이가 다음과 같은 삼각형을 그려 보세요.

(1) 8cm, 5cm, 4cm

(2) 4cm, 3cm, 2cm

(2) 4cm, 6cm, 4cm

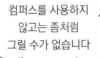

컴퍼스를 사용하지 않고는 좀처럼 그릴 수가 없습니다

앞의 예제에서 제시한, 세 변의 길이가 5cm, 4cm, 3cm인 삼각형을 생각합니다. 아래의 그림과 같이 그리면 세 변의 길이가 5cm, 4cm, 3cm인 삼각형은 2개를 그릴 수 있습니다.

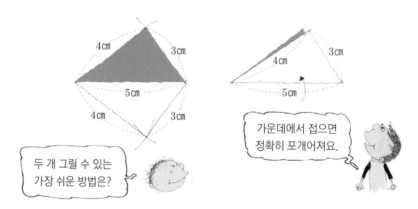

이 두 종류의 삼각형을 접어서 포개어 보면 정확하게 포개어집니다. 이렇게 접거나 혹은 돌리거나 옮겨서 정확하게 포개어지면, 두 개의 삼각형은 같은 삼각형입니다.

세 변의 길이가 정해지면, 삼각형은 하나의 모양밖에 없습니다. 즉, 삼각형이 하나 정해지는 것입니다.

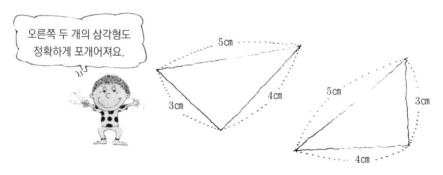

삼각형의 기호

삼각형에는 세 꼭짓점이 있습니다. 꼭짓점도 점이므로 대개 알파벳의 대문자로 이름을 붙입니다.

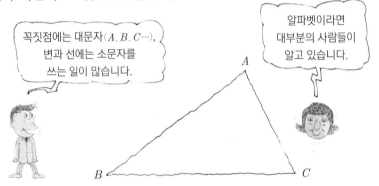

꼭짓점에는 대문자(A, B, C…), 변과 선에는 소문자를 쓰는 일이 많습니다.

알파벳이라면 대부분의 사람들이 알고 있습니다.

꼭짓점의 이름이 A, B, C인 삼각형을 삼각형 ABC라고 합니다. 삼각형 ABC를 '$\triangle ABC$'라고 쓰기도 합니다. 꼭짓점의 이름이 D, E, F인 삼각형이면 삼각형 DEF라고 하고, '$\triangle DEF$'라고 씁니다.

아래의 그림에는 삼각형 ABC, 삼각형 ABD, 삼각형 ADC까지 세 삼각형이 있습니다.

삼각형이 세 개라 이름을 붙이지 않으면 어느 삼각형을 말하는지 알 수가 없네.

변에도 이름을 붙입니다

꼭짓점 A와 꼭짓점 B 사이의 변을 변 AB라고 합니다. 변은 선분이므로 두 점으로 선분을 정한 것과 마찬가지입니다.

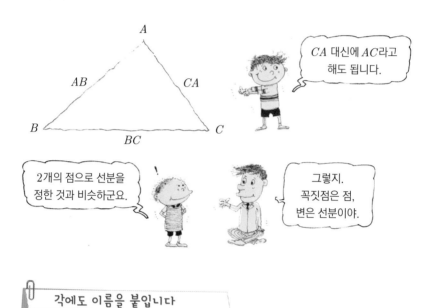

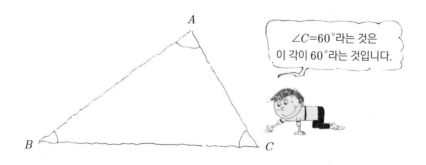

각에도 이름을 붙입니다

꼭짓점 A의 안쪽의 각을 $\angle A$라고 쓰고, '각 A'라고 읽습니다.

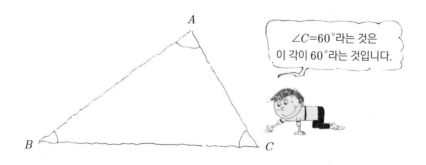

도형이란 무엇일까요?

사물에는 위치, 모양, 크기, 색, 무게, 딱딱함, 냄새, 느낌 등 여러 성질이 있습니다. 그러나 도형에서는 위치와 모양과 크기만 생각합니다.

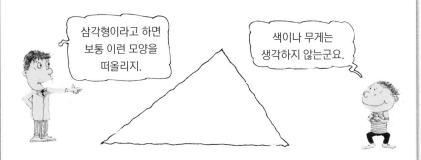

삼각형이라고 하면 보통 이런 모양을 떠올리지.

색이나 무게는 생각하지 않는군요.

아래의 3개 중에서 삼각형은 어느 것일까요.

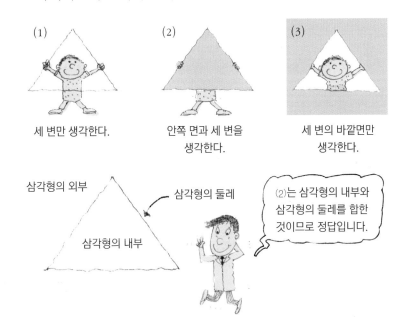

(1) 세 변만 생각한다.

(2) 안쪽 면과 세 변을 생각한다.

(3) 세 변의 바깥면만 생각한다.

삼각형의 외부

삼각형의 둘레

삼각형의 내부

(2)는 삼각형의 내부와 삼각형의 둘레를 합한 것이므로 정답입니다.

5 삼각형 그리기 -2

앞에서 변의 길이를 정하고, 삼각형을 그렸습니다. 그리고 세 변의 길이를 정했을 때, 삼각형이 하나 정해진다는 것을 배웠습니다. 여기서는 각만 정하고, 삼각형을 그려 봅시다.

오른쪽 그림에서 한 각이 25°인 삼각형은 몇 개 있나요?

(1) 한 각을 정했을 때

25°

(2) 두 각을 정했을 때

30° 60° 60° 60°

(3) 세 각을 정했을 때

45°
45°
45°
45° 45° 45°
90°

세 각을 정해도 삼각형은 이렇게 몇 개라도 만들 수 있어.

각을 정해도 삼각형은 정해지지 않는 거군요.

이번에는 변의 길이와 각을 정하고 삼각형을 그려 봅시다. 먼저 한 변의 길이와 한 각이 정해진 삼각형을 그려 봅시다.

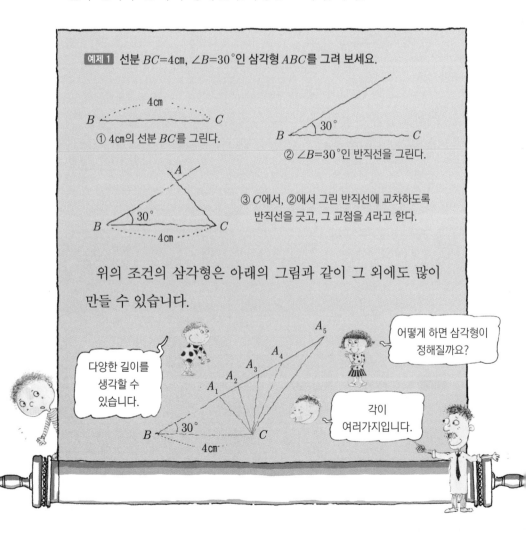

예제 1 선분 BC=4cm, $\angle B$=30°인 삼각형 ABC를 그려 보세요.

4cm

B ⟞⟞⟞⟞⟞⟞ C

① 4cm의 선분 BC를 그린다.

B 30° C

② $\angle B$=30°인 반직선을 그린다.

A

B 30° C

4cm

③ C에서, ②에서 그린 반직선에 교차하도록 반직선을 긋고, 그 교점을 A라고 한다.

위의 조건의 삼각형은 아래의 그림과 같이 그 외에도 많이 만들 수 있습니다.

다양한 길이를 생각할 수 있습니다.

어떻게 하면 삼각형이 정해질까요?

각이 여러가지입니다.

A_5
A_4
A_3
A_2
A_1

B 30° C

4cm

예제 2 선분 $AB=5$cm, 선분 $BC=4$cm, $\angle B=30°$인 삼각형 ABC를 그려 보세요.

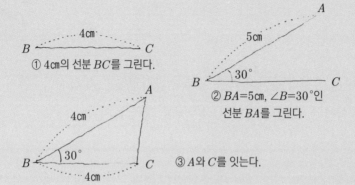

① 4cm의 선분 BC를 그린다.

② $BA=5$cm, $\angle B=30°$인 선분 BA를 그린다.

③ A와 C를 잇는다.

위의 그림 ②에서 알 수 있듯이, 여기에서는 선분 AB의 길이와 $\angle B$가 정해져 있습니다. 그러므로 선분 AC를 잇는 방법도 한 가지밖에 없습니다. 즉 두 변의 길이와 그 사이의 각이 정해지면 삼각형은 단 하나로 정해집니다.

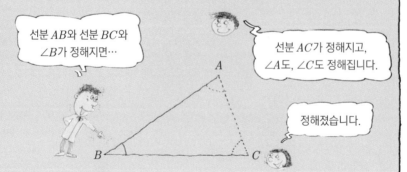

선분 AB와 선분 BC와 $\angle B$가 정해지면…

선분 AC가 정해지고, $\angle A$도, $\angle C$도 정해집니다.

정해졌습니다.

연습 1 다음 삼각형을 그려 보세요.

(1) $AB=5$cm, $BC=4$cm, $\angle B=60°$

(2) $BC=7$cm, $CA=4$cm, $\angle C=30°$

예제 3 선분 $BC=4\,\mathrm{cm}$, $\angle B=30°$, $\angle C=60°$인 삼각형 ABC를 그려 보세요.

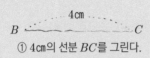

① 4cm의 선분 BC를 그린다.

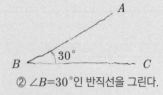

② $\angle B=30°$인 반직선을 그린다.

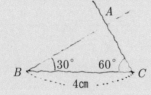

③ $\angle C=60°$인 반직선을 그리고,
   ②에서 그린 선과의 교점을 A라고 한다.

두 직선이 교차될 때, 반드시 한 점에서 교차됩니다. 그리고
$\angle C$도 정해져 있으므로 위의 조건의 삼각형은 단 하나입니다.

정해졌습니다.

$\angle B$와 $\angle C$와
선분 BC가 정해지면,
A가 정해지므로 삼각형
하나가 만들어집니다.

연습 2 다음 삼각형을 그려 보세요.

(1) $AB=4\,\mathrm{cm}$, $\angle A=40°$, $\angle B=100°$

(2) $BC=7\,\mathrm{cm}$, $\angle B=20°$, $\angle C=15°$

두 변의 길이와 한 각, 혹은 두 각과 한 변의 길이가 정해지면 삼각
형은 단 하나만 정해지는 것일까요?

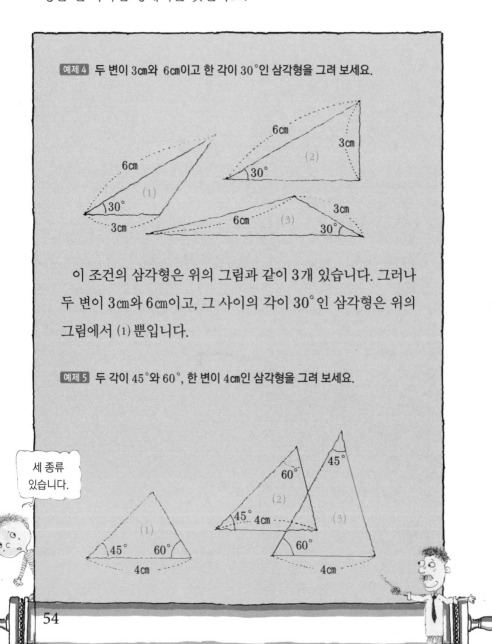

예제4 두 변이 3㎝와 6㎝이고 한 각이 30°인 삼각형을 그려 보세요.

이 조건의 삼각형은 위의 그림과 같이 3개 있습니다. 그러나
두 변이 3㎝와 6㎝이고, 그 사이의 각이 30°인 삼각형은 위의
그림에서 (1) 뿐입니다.

예제5 두 각이 45°와 60°, 한 변이 4㎝인 삼각형을 그려 보세요.

세 종류
있습니다.

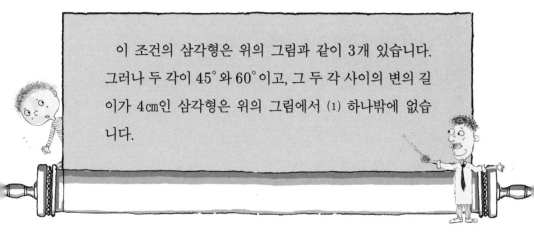

이 조건의 삼각형은 위의 그림과 같이 3개 있습니다. 그러나 두 각이 45°와 60°이고, 그 두 각 사이의 변의 길이가 4cm인 삼각형은 위의 그림에서 (1) 하나밖에 없습니다.

두 변의 길이와 한 각이 주어진다고 해도 삼각형이 단 하나만 정해진다고 할 수는 없습니다. 하지만 두 변의 길이와 그 사이의 각이 정해지면 삼각형은 단 하나 정해집니다.

두 각과 한 변의 길이에 대해서도 마찬가지입니다. 즉 두 각과 그 사이의 변의 길이가 정해지면 삼각형은 단 하나 정해집니다.

정리

삼각형이 하나 정해지기 위한 조건을 '**삼각형의 결정조건**'이라고 합니다. 이제까지 공부한 것을 정리하면 아래의 그림과 같이 삼각형의 결정조건은 3가지가 있습니다. 이 중 어느 한 조건이 주어지면 단 하나의 삼각형이 정해집니다.

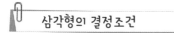

삼각형의 결정조건

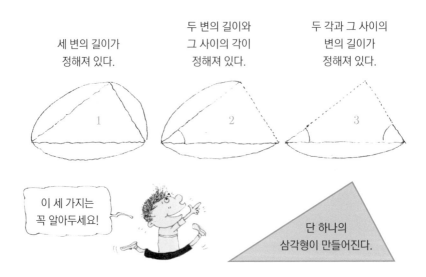

세 변의 길이가
정해져 있다.

두 변의 길이와
그 사이의 각이
정해져 있다.

두 각과 그 사이의
변의 길이가
정해져 있다.

이 세 가지는
꼭 알아두세요!

단 하나의
삼각형이 만들어진다.

문제 1 아래 그림의 삼각형에서 ○나 ●가 표시된 부분이 정해져 있습니다. 나머지 하나를 어떻게 정해야 삼각형 하나가 완성될까요?

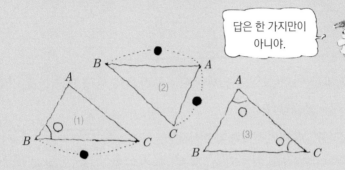

답은 한 가지만이 아니야.

연습 다음 삼각형 ABC를 그려 보세요.

(1) 변 $AB=5\,\text{cm}$, 변 $CB=5\,\text{cm}$, 변 $CA=3\,\text{cm}$

(2) 변 $BC=3\,\text{cm}$, 변 $AC=7\,\text{cm}$, $\angle C=30°$

(3) 변 $AC=6\,\text{cm}$, $\angle A=25°$, $\angle C=125°$

신나게 훌라훌라~! 꼭 해 보아요.

문제 2 다음 삼각형을 그려 보세요.

(1) 2변의 길이가 $4\,\text{cm}$와 $6\,\text{cm}$, 한 각이 $35°$인 삼각형. (네 종류)

(2) 두 각이 $30°$와 $60°$, 한 변이 $5\,\text{cm}$인 삼각형. (세 종류)

일단 끝~!

특별한 이름을 가진 삼각형

삼각형에는 여러 모양이 있습니다. 그 가운데 특별한 이름을 가진 것이 4종류 있습니다.

(1) 정삼각형　세 변의 길이가 같은 삼각형.

(변 AB＝변 BC＝변 CA의 그림)

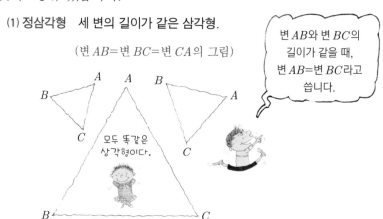

모두 똑같은 삼각형이다.

> 변 AB와 변 BC의 길이가 같을 때, 변 AB＝변 BC라고 씁니다.

(2) 이등변삼각형　두 변의 길이가 같은 삼각형.

(변 AB＝변 AC의 그림)

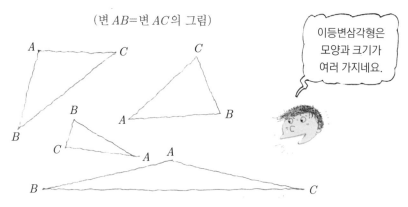

> 이등변삼각형은 모양과 크기가 여러 가지네요.

(3) 직각삼각형 한 각이 직각인 삼각형

(∠*B*가 직각인 그림)

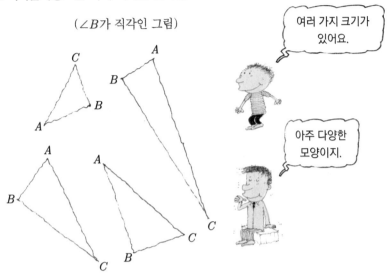

여러 가지 크기가 있어요.

아주 다양한 모양이지.

(4) 직각이등변삼각형 한 각이 직각이고, 두 변의 길이가 같은 삼각형

(변 *AB*=변 *AC*, ∠*A*가 직각인 그림)

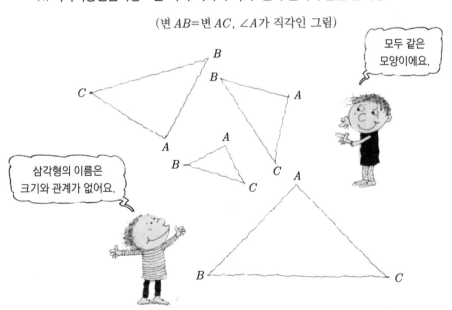

모두 같은 모양이에요.

삼각형의 이름은 크기와 관계가 없어요.

연습 삼각자는 두 개가 한 세트입니다. 삼각자의 각과 변을 모두 재기 바랍니다. 각각 어떤 이름의 삼각형일까요?

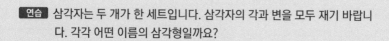

예제 다음 글에서 옳은 것은 어떤 것일까요? 고르고 그 이유를 말해 보세요.

(1) 정삼각형은 이등변삼각형입니다.

(2) 이등변삼각형은 정삼각형입니다.

답

(1) 정삼각형은 세 변의 길이가 같은 삼각형이므로, 그중 두 변은 당연히 같은 길이입니다. 두 변의 길이가 같은 삼각형을 이등변삼각형이라고 합니다. … (1)은 옳다.

(2) 두 변의 길이가 같다고 세 변의 길이가 같다고는 할 수 없습니다. … (2)는 옳지 않다.

(1)과 (2)에서 정삼각형은 이등변삼각형의 특별한 모양이라는 사실을 알았습니다.

난 특별한 모양이야~.

도화지를 접어서 다양한 모양을 만들 수 있습니다

직각삼각형

이등변삼각형

먼저 이렇게 반으로 접고….

이렇게 하면 이등변삼각형!

이렇게 하면 정삼각형!

연습

(1) 한 변의 길이가 5 cm인 정삼각형을 그려 보세요.

(2) ∠B=직각, 변 AB=4 cm인 이등변삼각형을 그려 보세요.

평행은 뭐예요?

3장

각과 평행

삼각형이 그려지지 않는 경우도 배워 보자구.

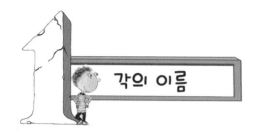

각의 이름

각을 문자로 나타낼 때, 지금까지는 꼭짓점의 이름을 가지고, $\angle A$, $\angle B$, …와 같이 나타냈습니다.

그런데 각을 다르게 나타내는 방법이 있습니다. 이를테면 아래 그림의 ○ 표시의 각은 $\angle ABC$라고 쓰고, '각 ABC'로 읽습니다. $\angle CBA$는 그 뜻을 생각하면 $\angle ABC$와 같은 것이라는 것을 알 수 있습니다.

삼각형 ABC의 변과 각은 다음과 같습니다.

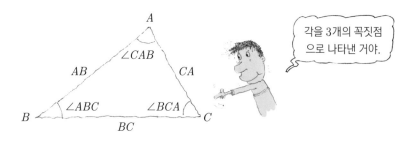

왜 세 문자를 쓸까요? 이를테면 아래 그림의 ●, ○, △ 표시의 각은 꼭짓점의 이름만으로는 알 수가 없기 때문입니다.

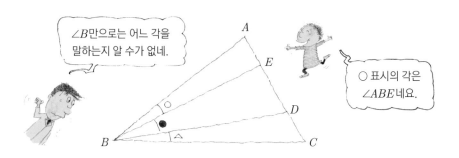

문제 1 위의 그림에서 ●와 △의 각을 문자를 사용해서 나타내 보세요.

문제 2 한 변이 6cm인 정삼각형 ABC를 그리고, 변 BC 위에 변 BD=변 DC가 되도록 점 D를 찍어 보세요.
이때, $\angle BAD$와 $\angle BDA$의 각도를 각도기로 재 보세요. 각각 몇 도일까요?

2 각도의 계산

이제부터 삼각형의 각의 성질을 알아보려고 합니다. 그런데 그러기 위해서는 우선 각도 계산을 할 수 있어야 합니다.

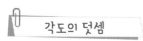
각도의 덧셈

각도의 덧셈은 보통 수의 덧셈과 같습니다. 예를 들어 $1°+2°=3°$, $40°+50°=90°$ 처럼 보통 수의 덧셈에 $°$ 를 붙이면 됩니다.

각도의 덧셈은 각도끼리만 가능합니다.

$50°+3$ 이나, $2+30°$ 라는 식은 있을 수 없습니다.

문제 **다음 계산을 해 보세요.**

(1) $36°+25°$ (2) $128°+92°$ (3) $58°+95°$

(4) $195°+48°+28°$ (5) $1°+2°+3°+4°+5°+6°$

문자를 사용한 각의 덧셈을 해 보아요. 예를 들어 아래의 그림에서 $\angle AXB$와 $\angle BXC$를 더하면 $\angle AXC$가 되는데, 이것을 $\angle AXB + \angle BXC = \angle AXC$ 라고 나타냅니다.

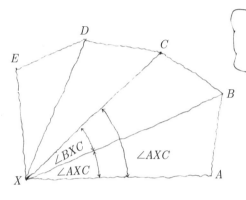

문자를 사용한 각의 계산도 °를 사용한 것과 마찬가지로 계산할 수 있군요.

이렇게 되면 문자 하나로는 각을 나타낼 수 없는 거예요?

위의 그림에서 한 문자로 각을 나타낼 수 있는 것은 $\angle E$와 $\angle A$뿐이야.

문제 위의 그림을 보고, 문자를 사용한 각의 덧셈을 해 보세요.

(1) $\angle BXC + \angle CXE$ (2) $\angle ABX + \angle XBC$

(3) $\angle AXC + \angle EXC$ (4) $\angle AXB + \angle CXB + \angle CXD + \angle EXD$

각도의 뺄셈

각도의 뺄셈도 보통 수의 뺄셈과 같습니다.

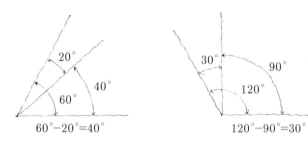

$$60°-20°=40°$$

$$120°-90°=30°$$

문자를 사용한 각의 뺄셈도 문자를 사용한 각의 덧셈과 마찬가지로 생각합니다.

문자를 사용한 각도 마찬가지로 계산할 수 있구나.

문제 위의 그림을 보고 ☐ 안을 채워 보세요.

(1) $\angle DXB - \angle CXB =$ ☐

(2) $\angle DXA - \angle$ ☐ $= \angle BXA$

(3) $\angle DXA - \angle CXB = \angle DXC +$ ☐

(4) $\angle DXB - \angle CXA = \angle DXC - \angle$ ☐

각도의 곱셈

각도의 곱셈도 보통 수의 곱셈과 마찬가지로 합니다.

$30° \times 5 = 150°$

150°는 30°가 5개 있는 것입니다.

체크

$30° \times 5°$ 라는 계산은 뜻이 없습니다.

각도의 나눗셈

각도의 나눗셈에는 두 가지 종류의 계산이 있습니다.

하나는 $90° \div 3$과 같이 각도÷수의 계산.

또 하나는 $90° \div 30°$와 같은 각도÷각도의 계산입니다.

$90° \div 3 = 30°$

$90° \div 30° = 3$

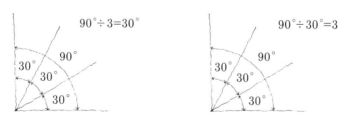

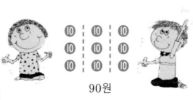

90원을 3명이 나누면 한 사람 앞에 30원이 주어진다고 생각하는 것과 같습니다.

90원

90원을 30원씩 나누면 3명이 나누어 가질 수 있다고 생각하는 것과 같습니다.

3 맞꼭지각

두 직선이 교차할 때 생기는 네 각 중에서 서로 마주보는 두 각을 '맞꼭지각'이라고 합니다. 아래의 그림에서 $\angle AEC$와 $\angle DEB$는 맞꼭지각, $\angle AED$와 $\angle CEB$도 맞꼭지각입니다.

'$\angle AEC$의 맞꼭지각은 $\angle DEB$'라고 말할 수도 있습니다.

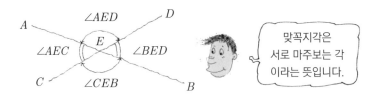

맞꼭지각은 서로 마주보는 각 이라는 뜻입니다.

맞꼭지각은 항상 서로 크기가 같습니다. 예를 들어 $\angle AED = \angle CEB$ 가 되는데, 그 이유는 다음과 같습니다.

$\angle AED = \angle AEB - \angle BED$

$= \angle CED - \angle BED$ ($\angle AEB = \angle CED = 180°$이므로)

$= \angle CEB$

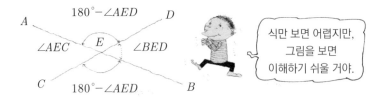

식만 보면 어렵지만, 그림을 보면 이해하기 쉬울 거야.

동위각과 엇각

아래의 그림과 같이 두 직선 m, n에 한 직선 p가 교차되었다고 합시다.

a, b, c, d, e, f, g, h는 각각 각을 나타내는 것입니다.

이때 a와 e의 위치에 있는 각을 '**동위각**'이라고 합니다. 그리고 'a는 e의 동위각이다' 혹은 'a의 동위각은 e다'라고 합니다.

이 그림에서 a와 e, b와 f, c와 g, d와 h가 동위각입니다.

또한 b와 h의 위치에 있는 각을 '**엇각**'이라고 합니다. 그리고 'b는 h의 엇각이다' 혹은 'b의 엇각은 h다'라고 합니다.

이 그림에서는 b와 h, c와 e가 엇각입니다.

두 직선이 평행이라는 것은 두 직선을 끝없이 연장해도 교차되지 않는다는 것(24쪽)이었습니다. 그렇다면 아래의 두 직선 m과 n은 평행일까요?

m

n

계속해서 오른쪽으로 연장하면 만날 것도 같은데…. 안 될까?

오른쪽으로 계속 연장하면 교차될 것도 같지만 확실하지 않습니다. 실제로 연장해 보고 싶어도 책 위에서는 종이가 부족합니다. 그래서 다음과 같이 조사했습니다.

① m과 n을 교차하는 선 p를 긋는다.

② 동위각, 예를 들어 a와 b의 각을 잰다.

③ 동위각이 같으면 m과 n은 평행이다. 동위각이 같지 않으면 m과 n은 평행이 아니다.

동위각이 같지 않으므로 평행이 아닙니다.

이 그림에서 살펴 보면…

위와 같은 사실을 이용해서, 삼각자로 평행선을 그을 수 있습니다.

① 삼각자를 움직이지 않고, 직선을 긋는다.

 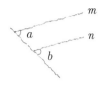

② 한쪽 삼각자를 적당한 거리만큼 이동해서   ③ 서로 평행인 직선 m, n이 만들어진다.
　그림처럼 직선을 하나 더 긋는다.

　그림 ③을 보면 a와 b는 동위각입니다. 삼각자를 움직여도 각은 변하지 않으므로 a와 b는 같은 각입니다. 그래서 동위각이 같은 m과 n은 평행입니다.

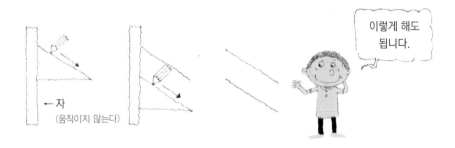

이렇게 해도
됩니다.

　반대로 두 직선이 평행이라면 동위각은 같고, 두 직선이 평행이 아니라면 동위각은 같지 않습니다.

m과 n이 평행이라면 동위각
(예를 들어 a와 b)은 같습니다.

이것을 정리하면 다음과 같습니다.

(1) 동위각이 같으면 두 직선은 평행하다.

(2) 평행인 두 직선은 동위각이 같다.

꼭 기억해 둘 것!

아래의 그림에서 a와 e(동위각)가 같기 때문에 m과 n은 평행이라고 합니다.

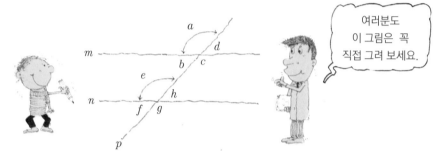
여러분도 이 그림은 꼭 직접 그려 보세요.

이 그림에서 $a=e=c=g$라는 사실을 알 수 있습니다. 왜냐하면 a와 c는 맞꼭지각이고, e와 g도 맞꼭지각이므로 각각 같습니다. 그런데 e와 c는 엇각이므로 동위각이 같을 때는 엇각도 같다는 사실을 알 수 있습니다. 그러므로 다음 사실을 알 수 있습니다.

(1) 엇각이 같은 두 직선은 평행하다.

(2) 평행인 두 직선은 엇각이 같다.

이것도 꼭 기억해 둘 것!

문제 위의 그림에서 $d=b=h=f$ 가 되는 이유를 말해 보세요.

힌트 $\cdots d=180°-a$

내각과 외각

아래의 그림과 같은 삼각형 ABC가 있을 때, $\angle DAB$를 A의 **외각**이라고 합니다. 이에 대해 $\angle CAB$를 A의 **내각**이라고 합니다. 특별히 외각이라고 정하지 않을 때는 보통 내각을 가리킵니다.

외각과 내각을 말할 때, B와 C도 마찬가지입니다.

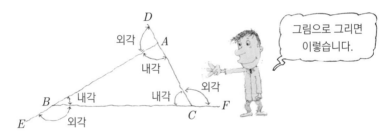

그림으로 그리면 이렇습니다.

지금까지 '삼각형 ABC에 대해서 $\angle A = \cdots$'라고 했는데, 이 $\angle A$는 내각을 가리키는 것이었습니다.

그림을 보아도 알 수 있듯이 A의 외각과 내각을 더한 각도는 항상 **180°가 됩니다.** 물론 B와 C에 대해서도 마찬가지입니다.

맞꼭지각은 항상 같으므로 이것을 B의 외각이라고 해도 됩니다.

삼각형의 세 내각의 합은 180°

삼각형에는 여러 모양이 있습니다. 그런데 어떤 삼각형이라도 세 내각을 합하면 180°가 됩니다.

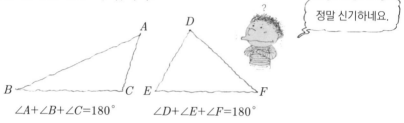

$\angle A + \angle B + \angle C = 180°$　　　$\angle D + \angle E + \angle F = 180°$

사실인지 아닌지 확인해 볼까요? 여러분도 큰 삼각형을 하나 그리고 직접 확인해 보기 바랍니다.

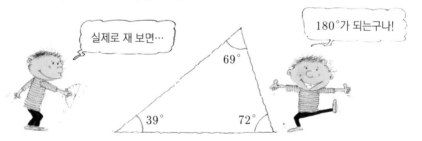

여러분도 180°가 되었나요? 정확히 재고, 계산을 해도 1°~2° 정도의 차이가 난다고 걱정하지 마세요. 그건 어쩔 수 없는 일입니다. 왜냐하면 연필로 그린 선에는 굵기가 있고, 보통의 각도기로는 세밀하고, 정확하게 재기가 힘들기 때문입니다.

삼각형의 내각의 합이 언제나 $180°$라는 사실은 실제로 재는 것이 아니라 말과 식으로 설명됩니다.

아래의 그림과 같이 삼각형 ABC의 꼭짓점 A를 지나고, 또한 변 BC와 평행인 직선 DE를 그립니다. 이렇게 생각을 편리하게 하기 위해서 그리는 선을 '**보조선**'이라고 합니다.

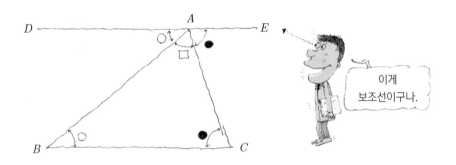

○ 표시의 두 각은 엇각이라서 같고, ● 표시의 두 각도 엇각이라서 같습니다. 그래서 삼각형 ABC의 내각의 합 ○+●+□은 위의 ○+●+□와 같고, 이것은 직선이므로 $180°$입니다.

이를 식으로 나타내면 다음과 같습니다.

삼각형 내각의 합 $= \angle BAC + \angle ABC + \angle ACB$
$= \angle BAC + \angle BAD + \angle CAE$
$= \angle DAE$ ⋯ 직선
$= 180°$

예제 삼각형 ABC에 대해, $\angle A$와 $\angle B$의 내각의 합은 $\angle C$의 외각과 같다는 것을 설명해 보세요.

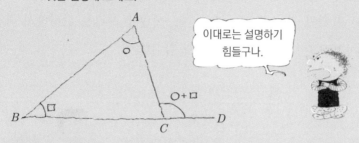

이대로는 설명하기 힘들구나.

답 ....

아래의 그림과 같이 변 AB에 평행인 직선 CE를 생각합니다.

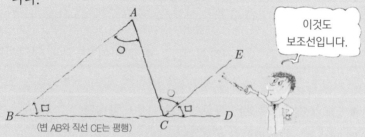

이것도 보조선입니다.

(변 AB와 직선 CE는 평행)

○표시의 두 각은 엇각이라서 같고, □표시의 두 각은 동위각이라서 같습니다. 즉 A와 B의 내각의 합과 C의 외각은 모두 ○+□가 됩니다.

식으로 나타내면 아래와 같습니다.

식으로는 이렇게 됩니다.

A와 B의 내각의 합$=\angle CAB+\angle ABC$

$$=\angle ECA+\angle ECD=\angle ACD$$

문제 1 두 내각 ∠A, ∠B의 각도가 다음과 같은 삼각형 ABC에 대해서 C의 내
각과 외각을 각각 구해 보세요.

(1) ∠A=43°, ∠B=92°

(2) ∠A=38°, ∠B=67°

(3) ∠A=116°, ∠B=15°

실제로 재지 않아도
알 수 있지.

문제 2 삼각형의 세 외각의 합은 항상 360°라는 사실을 설명해 보세요.

각도기로 재도
정확하게는
알 수 없지 뭐야.

힌트 위의 그림에서 표시한 부분의 각의 합은 180°×3=540°
이것은 삼각형 ABC의 세 외각과 세 내각을 더한 것과 같다.

문제 3 다음 그림의 x의 각을 구해 보세요.

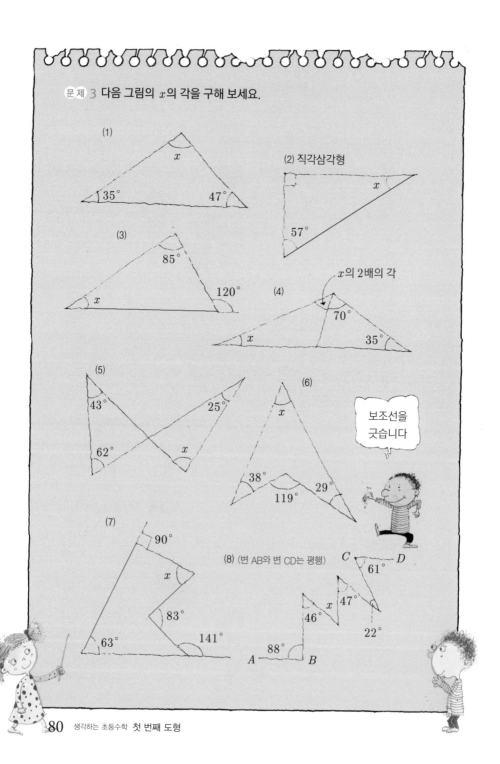

(1)

x

$35°$ $47°$

(2) 직각삼각형

x

$57°$

(3)

$85°$

$120°$

x

x의 2배의 각

(4)

$70°$

x $35°$

(5)

$43°$ $25°$

$62°$ x

(6)

x

$38°$ $29°$

$119°$

보조선을 긋습니다

(7)

$90°$

x

$83°$

$63°$ $141°$

(8) (변 AB와 변 CD는 평행)

C D

$61°$

x $47°$

$46°$

$22°$

A $88°$ B

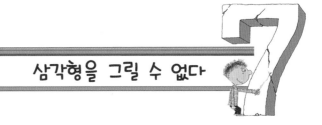

삼각형을 그릴 수 없다

이제까지 다양한 삼각형의 각과 변에 대해서 공부했지만, 다음에 나오는 것들은 좀 더 깊게 생각해야 합니다.

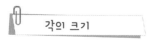

각의 크기

세 내각이 120°, 20°, 30°인 삼각형을 그릴 수 있을까요?

삼각형 내각의 합은 어떤 삼각형이라도 180°였습니다. 그런데 이 경우 내각의 합은 120°+20°+30°=170°가 됩니다. 따라서 이런 삼각형은 그릴 수 없습니다.

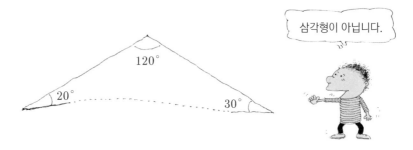

삼각형이 아닙니다.

또한 두 내각의 합이 180°, 혹은 180°를 넘어도 삼각형을 그릴 수 없습니다. 물론 한 각이 180° 이상이어도 삼각형을 그릴 수 없습니다.

이것을 정리하면 다음과 같습니다.

세 내각의 합이 $180°$가 아닌 도형은 삼각형이 아닙니다.

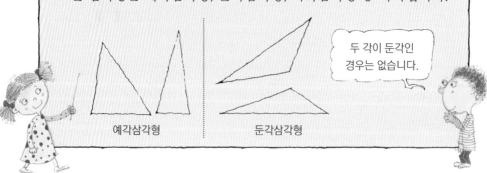

참고 직각보다 작은 각을 '예각'이라고 합니다. 세 각이 모두 예각인 삼각형을 '예각삼각형'이라고 합니다. 또한 직각보다 큰 각을 '둔각'이라고 하며, 한 각이 둔각인 삼각형을 '둔각삼각형'이라고 합니다. 모든 삼각형은 예각삼각형, 둔각삼각형, 직각삼각형 중 하나입니다.

예각삼각형   둔각삼각형

변의 길이에 따라 삼각형이 만들어지지 않는 경우도 있습니다.

이를테면 세 변의 길이가 각각 8 ㎝, 4 ㎝, 3 ㎝인 삼각형을 42쪽의
방법으로 직접 그려 보세요.

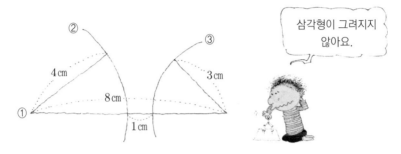

위의 방법으로는 삼각형이 그려지지 않습니다. 그럼 같은 조건으
로 이번에는 순서를 바꾸어서 4 ㎝의 변부터 그려 보세요.

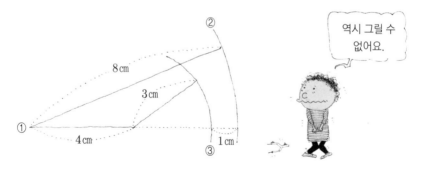

그리는 방법을 바꾸어도 세 변의 길이가 8 ㎝, 4 ㎝, 3 ㎝인 삼각형
은 그릴 수가 없습니다. 물론 3 ㎝의 변부터 그려도 삼각형은 그려지
지 않습니다.

왜 삼각형이 그려지지 않는 것일까요?

그것은 컴퍼스를 사용해서 그린 두 개의 원이 교차되지 않기 때문입니다. 먼저 8㎝의 변부터 그리고, 그 양끝을 중심점으로 반지름 4㎝와 반지름 3㎝의 원을 그려 보면,

$$8-(4+3)=1$$ … 1㎝로 두 원은 떨어져 있어서 교차되지 않습니다.

처음에 4㎝의 변을 그리고, 그 양끝을 중심점으로 반지름 8㎝와 3㎝의 원을 그리면 3㎝의 원은 8㎝의 원 안으로 완전히 들어가서 이것 역시 교차되지 않습니다.

이번에는 세 변의 길이를 8㎝, 4㎝, 4㎝로 하고, 앞과 같은 계산을 해 보았습니다.

$$8-(4+4)=0$$ … 떨어져 있지 않습니다.

만약 이것을 실제로 그려 보면 어떻게 될까요? 두 점은 한 점에서 만날 뿐 삼각형이 그려지지 않습니다. 이런 점을 '접점'이라고 합니다.

이 접점은 처음에 그린 8㎝의 변(선분) 위에 있습니다. 세 점이 일렬로 나열되면 삼각형은 만들어지지 않습니다.(36쪽)

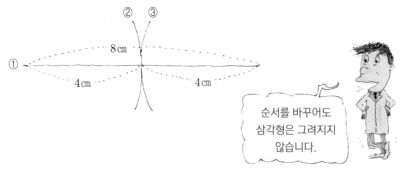

순서를 바꾸어도 삼각형은 그려지지 않습니다.

이번에는 세 변의 길이를 8cm, 4cm, 5cm로 놓고 그려 보세요. 이번에는 삼각형을 그릴 수 있습니다.

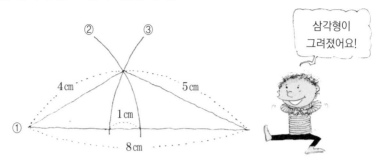

삼각형이 그려졌어요!

이제 어떤 조건일 때 삼각형이 그려지는지 알았을 것입니다.

가장 긴 변의 길이가 다른 두 변의 길이의 합보다 짧을 때 삼각형이 그려집니다.

문제 1 다음과 같은 세 변을 가진 삼각형이 있을까요?

(1) 15cm, 35cm, 18cm (2) 3cm, 4cm, 7cm

(3) 8cm, 8cm, 3cm

문제 2 아래의 ☐ 안을 채워 보세요.

'어떤 삼각형의 두 변의 길이를 8cm와 3cm로 했을 때 나머지 한 변은 ☐ cm보다 길고, ☐ cm보다 짧아야만 삼각형을 그릴 수 있습니다.'

힌트 8cm의 변이 가장 긴 변일 때와 그렇지 않을 때를 나누어서 생각한다.

이제까지 배운 것으로 다음을 알 수 있습니다.
삼각형의 두 변의 합은 다른 한 변보다 길다.

위의 그림에서 왼쪽 아이가 집으로 갈 때, 위의 길(삼각형의 두 변의
합)이 아래의 길(다른 한 변)보다 더 멀다는 것을 알 수 있습니다.
이것은 다음과 같습니다.
두 점을 잇는 선 중 가장 짧은 것은 직선이다(두 점 사이의 최단거리
는 직선이다).

문제 ∠C가 직각인 삼각형 ABC에서 변 AB가 변 BC나 CA보다 길다는 사
실을 설명해 보세요.

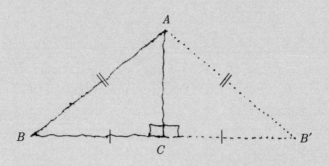

이런 그림을
그리면 될까요?

도형을 잘 알아야
수학이 재미있어져요.

★ 4장

삼각형의 합동

도형의 개념, 정의와 합동,
대칭은 꼭 기억해 두어야 해.

합동이란?

합동이라는 말의 뜻을 생각해 볼까요?

합동의 합合이라는 글자는 여럿을 한데 모은다는 뜻이고, 동同은 같다는 뜻입니다.

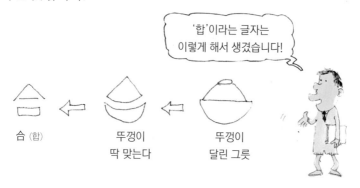

'합'이라는 글자는 이렇게 해서 생겼습니다!

合 (합) ← 뚜껑이 딱 맞는다 ← 뚜껑이 달린 그릇

수학에서 합동이란 다음과 같은 뜻입니다.

'크기와 모양이 같은 두 도형을 포개었을 때 완전히 포개어지면 합동이라고 한다.'

합동일까요?

완전히 포개질까요?

위의 두 삼각형은 대단히 많이 닮았지만 변이나 각의 크기를 알 수 없기 때문에 합동인지 아닌지는 모릅니다.

두 삼각형을 오려내어서 포개었을 때 완전히 포개지거나, 변이나 각의 크기를 재어 보았을 때 같은 수치가 나와도, 눈에 보이지 않을 정도의 차이가 있을지도 모르기 때문에 합동이라고는 말할 수 없습니다.

합동이 되는 조건

두 삼각형은 어떨 때 합동이라고 할 수 있을까요? 아래의 그림과 같이 삼각형 ABC와 삼각형 $A'B'C'$가 있을 때, 이 두 삼각형이 합동인지 아닌지를 조사해 봅시다.

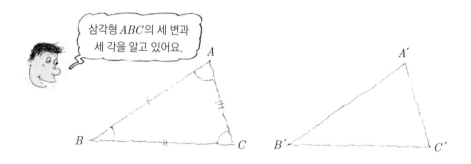

삼각형 ABC의 세 변과 세 각을 알고 있어요.

오른쪽 삼각형 $A'B'C'$의 세 변의 길이가 아래의 식과 같이 왼쪽 삼각형의 세 변의 길이와 각각 같다는 사실을 알고 있습니다.

변 $A'B'=AB$

변 $B'C'=BC$

변 $C'A'=CA$

세 변이 정해지면 삼각형 하나가 만들어집니다.

(삼각형의 결정조건)

세 변의 길이가 정해지면 삼각형은 단 하나 정해지므로, 삼각형 $A'B'C'$의 모양과 크기는 하나 정해집니다. 그리고 그것은 삼각형 ABC와 같은 모양, 같은 크기이므로 완전히 포개집니다. 그래서 두 삼각형은 합동입니다.

삼각형 $A'B'C'$의 크기와 모양이 하나로 정해지는 조건은 세 변의 길이가 정해지는 것 외에도 2가지가 더 있습니다. 삼각형의 결정조건이 무엇인지 떠올려 보세요.

삼각형의 결정조건은 '세 변의 길이를 정한다', '두 변과 그 끼인각을 정한다', '한 변과 그 양 끝각을 정한다'가 있었습니다.

위의 2개에 대해서도 앞 쪽과 마찬가지로 생각하면, 어떨 때 두 삼각형이 합동이 되는지 알 수 있습니다.

이것을 정리하면 다음과 같습니다.

(1) 세 변의 길이가 각각 같을 때.

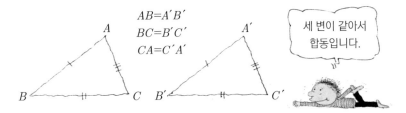

$$AB=A'B'$$
$$BC=B'C'$$
$$CA=C'A'$$

세 변이 같아서 합동입니다.

(2) 두 변의 길이와 그 끼인각의 크기가 같을 때.

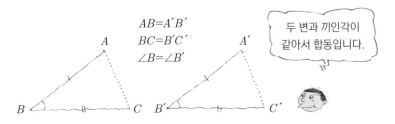

$$AB=A'B'$$
$$BC=B'C'$$
$$\angle B=\angle B'$$

두 변과 끼인각이 같아서 합동입니다.

(3) 한 변과 그 양 끝각의 크기가 같을 때.

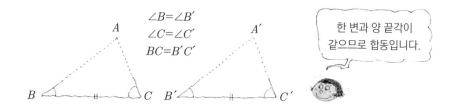

$\angle B = \angle B'$

$\angle C = \angle C'$

$BC = B'C'$

한 변과 양 끝각이 같으므로 합동입니다.

위의 (1), (2), (3)을 '삼각형의 합동조건' 또는 '삼각형이 합동이 되기 위한 3조건'이라고 합니다.

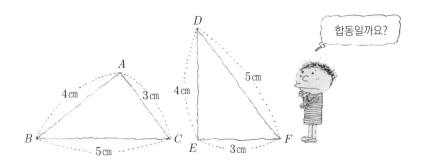

합동일까요?

위의 두 삼각형은 세 쌍의 변이 각각 같으므로 합동입니다.

…세 변이 같아서 합동.

합동이라는 사실을 말할 때는 반드시 그에 해당하는 합동조건을
말해야 합니다.

두 삼각형을 포개었을 때, 변 AB와 변 DE는 완전히 포개집니다.

이렇게 서로 포개지는 부분을 '서로 대응한다'라고 합니다.

위의 두 삼각형에서 대응하는 부분은 다음과 같습니다.

변의 대응…변 AB와 변 DE, 변 BC와 변 FD, 변 CA와 변 EF

꼭짓점의 대응…A와 E, B와 D, C와 F

각의 대응⋯ ∠A와 ∠E, ∠B와 ∠D, ∠C와 ∠F

합동인지 아닌지를 조사하기
위해서는 대응하고 있다고
생각되는 각과 변의
크기를 비교해야 해.

다음 두 삼각형은 합동입니다.

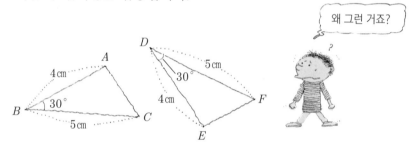

왜 그런 거죠?

그것은 변 AB와 ED, 변 BC와 DF, ∠B와 ∠D가 각각 같기 때문입니다. ⋯두 변과 그 끼인각의 합동!

다음 두 삼각형도 합동입니다.

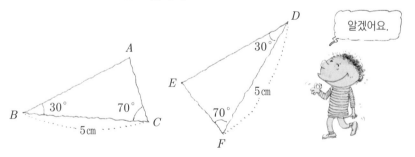

알겠어요.

그것은 $\angle B$와 $\angle D$, $\angle C$와 $\angle F$, 변 BC와 변 DF가 각각 같기 때문입니다. …한 변과 양 끝각의 합동!

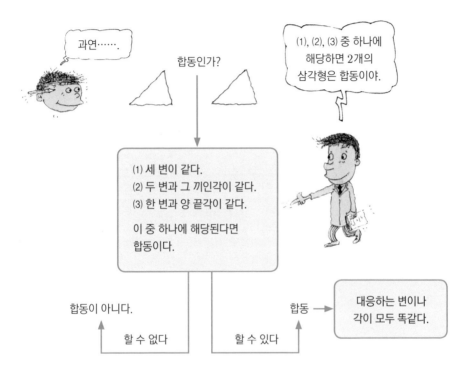

아래의 삼각형들 중에서 서로 합동인 것을 고르세요. 또한 그때 사용한 합동조
건을 말해 보세요.

(1)

6cm 40° 5cm

(2)

45° 4cm

110°

(3)

6cm

45°

5cm

(4)

5cm

45°

6cm

(5)

7cm

3cm

6cm

(6)

6cm

45°

7cm

(7)

7cm

3cm 6cm

(8)

25°

45°

4cm

합동이라고 할 때는

(1) 세 변이 같다
(2) 두 변과 그 끼인각이 같다
(3) 한 변과 양 끝각이 같다

중 어느 것을 사용했는지
확실하게 말해야 합니다.

보기에는 합동 같습니다.

이등변삼각형의 성질

앞에서 이등변삼각형이란 '두 변의 길이가 같은 삼각형'이라는 사실을 배웠습니다. 여기서는 합동을 사용해서 이등변삼각형의 성질을 알아볼 예정입니다.

먼저 이등변삼각형의 변이나 각에는 특별한 이름이 있으므로 그것들을 기억해 두세요.

⑴ 길이가 같은 두 변을 각각 '**등변**'이라고 한다.

⑵ 등변 이외의 한 변을 '**밑변**'이라고 한다.

⑶ 등변에 끼인각을 '**꼭지각**'이라고 한다.

⑷ 꼭지각 이외의 두 각을 '**밑각**'이라고 한다.

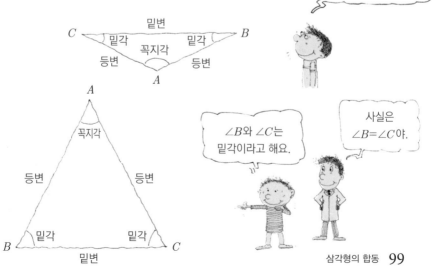

성질 1 이등변삼각형의 두 밑각의 크기는 같다.

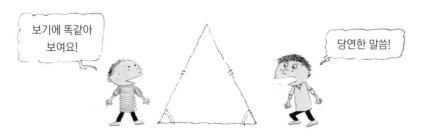

위의 그림을 보아도 이등변삼각형의 밑각은 똑같아 보입니다. 그런데 이등변삼각형은 '두 변이 같은 삼각형'이지, '두 밑각이 같다'고는 하지 않았습니다. 그래서 이 성질은 확인해야만 합니다.

이 성질을 제대로 확인하기 전에 이등변삼각형을 오려서 생각하면 아래와 같습니다.

그러나 실제로 이등변삼각형을 오려내거나 접어 보는 것은 오차가 있을 수도 있기 때문에 좋은 방법이 아닙니다. 바른 방법은 합동조건을 사용하는 것입니다.

아래의 그림과 같은 변 AB=변 AC인 이등변삼각형을 생각해 봅시다. 이때 밑각 $\angle B$와 $\angle C$가 같다는 것을 증명하는 것이 목적입니다.

먼저 변 BC 위에 변 BD=변 DC가 되는 점 D를 찍고, A와 D를 잇습니다. 접는 대신 보조선을 그은 것입니다.

다음에는 삼각형 ABD와 삼각형 ACD가 합동이라는 사실을 설명합니다. 그러기 위해서는

① 이등변삼각형이므로 변 AB=변 AC이다.

② 점 D의 전제는 변 BD=변 DC이다.

③ 변 AD는 삼각형 ABD와 삼각형 ACD의 공통의 변이다.

위의 ①, ②, ③에서 삼각형 ABD와 삼각형 ACD는 세 변이 같아서 합동입니다. 합동이라면 대응하는 각인 $\angle B$와 $\angle C$가 같습니다.

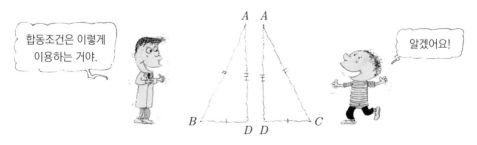

성질 2 두 개의 각이 같은 삼각형은 이등변삼각형이다.

이 성질도 당연한 것처럼 생각됩니다. 그러나 두 각이 같아도 이등변삼각형이 되지 않는 경우가 있을지도 모르니 이 성질도 확인해야 합니다.

$\angle B = \angle C$인 이등변삼각형 ABC에서 먼저 변 BC 위에 $\angle BAD = \angle CAD$가 되는 점 D를 찍고, A와 D를 잇습니다.

이때 삼각형 ABD와 삼각형 ACD가 합동이라는 사실을 말할 수 있다면, 대응하는 변인 변 AB와 변 AC가 같다는 사실을 말할 수 있습니다. 그러기 위해서는

① AD의 전제는 $\angle BAD = \angle CAD$.

② $\angle ADB = \angle ADC$. 왜냐하면 외각의 성질에서

$$\angle ADB = \angle CAD + \angle ACD = \angle BAD + \angle ABD = \angle ADC$$

삼각형 2개의 내각의 합은
또 한 외각과 같습니다.

$\angle BDC$는 $180°$이므로
$\angle ADB$는 직각이 되지.

③ 변 AD는 삼각형 ABD와 삼각형 ACD의 공통의 변입니다.

두 삼각형은
한 변과 양 끝각이
같으므로 합동입니다.

합동을 말할 때는
반드시 이용한 합동조건을
말해야 해.

위의 ①, ②, ③에서 삼각형 ABD와 삼각형 ACD는 한 변과 양 끝
각이 같으므로 합동입니다. 합동이라면 대응하는 변 AB와 변 AC가
같습니다.

지금까지 이등변삼각형은 '**두 변이 같은 삼각형**'이라고 했는데, 성질
1과 성질 2에서 이등변삼각형은 '**두 각이 같은 삼각형**'이라고 해도 마
찬가지라는 사실을 알았습니다. 이제부터 성질 1, 성질 2는 설명하
지 않고 사용하겠습니다.

문 제 1 아래 삼각형에서 ○ 표시와 ● 표시의 각을 구해 보세요.

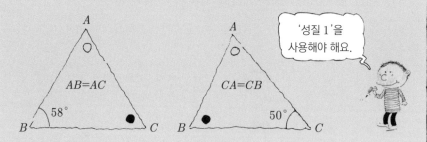

'성질 1'을
사용해야 해요.

문 제 2 정삼각형의 내각은 모두 60°라는 사실을 설명해 보세요.

문제의
힌트입니다.

알았다!

부럽군.

모르겠는데.

문 제 3 직각이등변삼각형의 세 각이 90°, 45°, 45°라는 사실을 설명해 보세요.

문 제 4 한 각이 60°인 이등변삼각형을 정삼각형이라고 할 수 있을까요?
그 이유도 설명해 보세요.

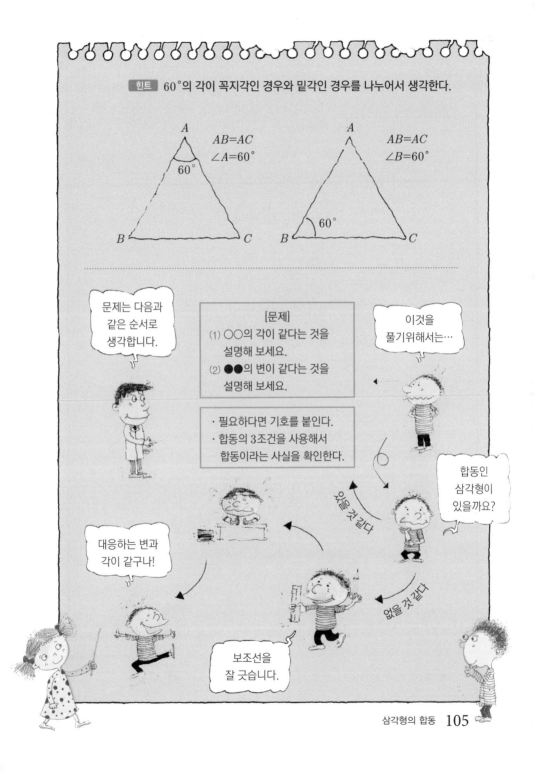

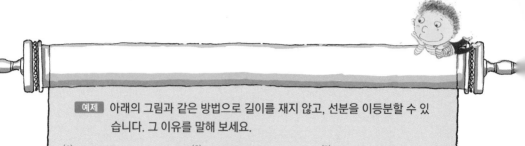

예제 아래의 그림과 같은 방법으로 길이를 재지 않고, 선분을 이등분할 수 있습니다. 그 이유를 말해 보세요.

(1)

이등분하고자
하는 선분.

_____

자로 재지
않고도 반으로
나눌 수 있습니다.

(2)

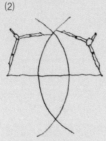

컴퍼스를 선분의
반보다 크게 벌린다.

(3)

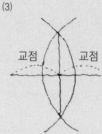

교점   교점

교점을 직선으로 잇는다.

답 ···

아래 그림과 같이 보조선을 긋습니다. 선분을 이등분한다
는 것은 선분 AE=선분 BE라는 것을 뜻합니다. 이것은 삼각
형 AEC와 삼각형 BEC가 합동이라는 사실을 설명합니다.

합동을
사용하는군요.

알고 있는 사실을
이용해서 합동을
설명합니다.

삼각형 AEC와 삼각형 BEC에 대해서

① 컴퍼스의 벌린 크기를 바꾸지 않았으므로 변 AC=변 BC.

② 변 AC=변 BC이므로 삼각형 CAB는 이등변삼각형입니다.
따라서 밑변이 같습니다. $\angle CAE = \angle CBE$.

밑각이 같습니다.

이등변삼각형
이라면…

③ 아래 그림에서 삼각형 ACD와 삼각형 BCD는 3변이 같아서 합동입니다. 따라서 $\angle ACD = \angle BCD$.

두 개의 삼각형을
자세히 보면…

3변이 같아서
합동입니다.

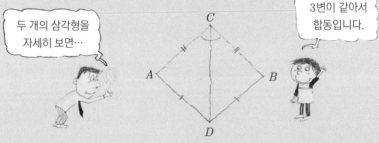

위의 ①, ②, ③에서 삼각형 AEC와 삼각형 BEC는 한 변과 양 끝각이 같아서 합동입니다. 그래서 대응하는 변 AE와 변 BE는 같습니다!

합동조건을
두 번이나 사용했군요.

예제 아래 그림과 같은 방법으로 각도기를 사용하지 않아도 각을 이등분할 수 있습니다. 그 이유를 말해 보세요.

(1)

이등분할 각

(2)

바늘
컴퍼스를 적당하게 벌린다.

(3)

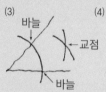

바늘
교점
바늘
컴퍼스를 다시 한 번 사용해서…

(4)

교점과 꼭짓점을 잇는다

답

아래와 같이 보조선을 그립니다. 여기서 각을 이등분한다는 것은 ∠BAC=∠DAC라는 것입니다.

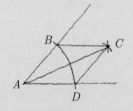

△BAC와 △DAC가 합동이라면 ∠BAC=∠DAC가 됩니다.

삼각형 BAC와 삼각형 DAC에 대해서

① 변 AB=변 AD   …컴퍼스의 벌어진 정도가 일정하므로.

② 변 BC=변 DC   …위와 같다.

③ 변 AC는 삼각형 BAC와 삼각형 DAC의 공통의 변.

앞의 ①, ②, ③에서 삼각형 BAC와 삼각형 DAC는 세 변이 같아서 합동. 따라서 대응하는 각인 $\angle BAC$와 $\angle DAC$는 같습니다!

예제 선분을 수직으로 이등분하는 직선 위의 점은 선분 양끝에서 각각 같은 거리에 있다는 것을 설명해 보세요. 이때 선분을 수직으로 이등분하는 직선을 **수직이등분선**이라고 합니다.

답

선분 BC 위에 $BD=CD$가 되는 점 D를 찍고, 점 D를 지나고 선분 BC에 수직인 직선 위에 점 A를 찍습니다.

$\angle ADB$는 직각.

△ABD와 △ACD는 합동인 것 같은데….

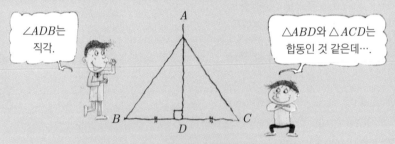

삼각형 ABD와 삼각형 ACD에 대해서
① 변 $BD=$변 CD, ② $\angle ADB=\angle ADC(=90°)$, ③ 변 AD는 공통인 변. 위의 ①, ②, ③에서 삼각형 ABD와 삼각형 ACD는 두 변과 끼인각이 같으므로 합동. 그래서 대응하는 변 AB와 변 AC는 같습니다!

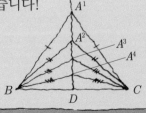

A의 위치는 상관이 없나요?

수직이등분선의 위라면 언제라도 설명할 수 있어.

문제 1 아래 그림의 삼각형은 변 AB=변 AC인 이등변삼각형입니다. x, y, z의 각을 구해 보세요.

(1)

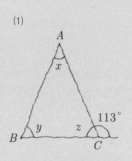

(2)

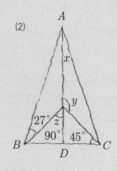

(3)

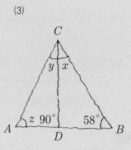

문제 2 변 AB=변 AC인 이등변삼각형의 꼭짓점 A를 지나고, 밑변 BC에 수직으로 교차하는 직선은

(1) 꼭지각을 이등분한다.

(2) 밑변을 이등분한다.

이 사실을 설명해 보세요.

(1)은 ∠BAD=∠CAD, (2)는 변 BD=변 CD를 말하면 되는군요.

알고 있는 사실은 변 AB=변 AC, ∠ADB=90°라는 두 가지야.

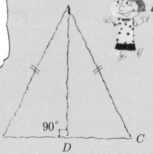

힌트 이등변삼각형의 밑각은 같다는 것을 이용합니다.

연습 $10\,\mathrm{cm}$의 선분을 긋고, 컴퍼스를 사용해서 그것을 이등분하세요.
길이가 $5\,\mathrm{cm}$가 되었나요?

문제 1 각도기를 사용하지 않고 다음 각을 만들어 보세요.

(1) 90° (2) 60° (3) 45° (4) 30°

문제 2 변 $AB=$변 AC인 이등변삼각형이 있을 때, 아래의 그림과 같은 변 AB의
A방향 연장선 위에 변 $AB=$변 AD가 되는 점 D를 찍습니다.

(1) $\angle BAC=82^\circ$일 때, $\angle ABC$, $\angle ADC$, $\angle DAC$를 구해 보세요.

(2) $\angle BCD$는 직각이라는 사실을 설명해보세요.

힌트

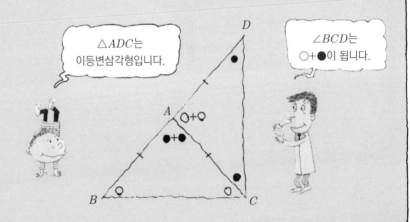

이제 삼각형 말고
다른 것을 배우고 싶어요.

5장

삼각형의 닮음

닮음은 어떻게 사용될까
생각해 볼까요?

닮음이란?

'○○와 ○○는 닮았어.'라는 말을 하거나 들은 적이 있을 거예요.
그런데 도형에도 닮음이란 말이 있답니다. 그렇다면 '닮음'이란 대체
무엇일까요? 이제부터 이것을 공부해 보겠습니다. 아래의 모눈종이
에 그려진 도형을 보세요.

(2)는 (1)의 모양을 바꾸지 않고, 크게 키운 것입니다.

(3)은 (1)과 같습니다. …합동입니다.

(4)는 (1)의 모양을 바꾸지 않고 작게 한 것입니다.

아래의 (1)~(4)의 도형은
모두 같은 모양이고,
서로 닮음입니다.

'모양을 바꾸지 않고 크게 하거나 작게 해서 만든 도형과 원래의 도형은 서로 닮음이다'라고 합니다.

앞 쪽의 (1), (2), (3), (4)는 모두 서로 닮음입니다.

합동은 닮음의 특별한 예입니다.

같은 사진은 크기가 달라도 서로 닮음입니다.

슬라이드와 그것을 스크린에 비춘 것은 서로 닮음입니다.

같은 그림의 크기를 바꾼 것입니다.

같은 글자의 크기를 바꾼 것입니다.

이제부터 삼각형의 닮음에 대해서 생각해 보아요.

아래의 두 삼각형은 서로 닮음입니다. 삼각형 ABC의 세 변의 길이를 각각 두 배한 것이 삼각형 $A'B'C'$입니다.

합동일 때와 마찬가지로 서로 닮음인 삼각형에도 각각 대응하는 변과 꼭짓점 그리고 각이 있습니다. 위 그림의 삼각형의 대응은

(1) **꼭짓점의 대응** A와 A', B와 B', C와 C'

(2) **각의 대응** $\angle A$와 $\angle A'$, $\angle B$와 $\angle B'$, $\angle C$와 $\angle C'$

(3) **변의 대응** 변 AB와 변 $A'B'$, 변 BC와 변 $B'C'$, 변 CA와 변 $C'A'$

앞 그림에서 대응하는 각을 보면

$$\angle A = \angle A', \quad \angle B = \angle B', \quad \angle C = \angle C'$$

모두 같다는 것을 알 수 있습니다. 서로 닮음인 삼각형은 모양이 같<u>으므로</u> **대응하는 각은 모두 같습니다.**

같은 표시가
대응하는 각입니다.

대응하는 변의 길이에 대해서 조사해 봅시다. (2)의 삼각형의 변의 길이가 (1)의 삼각형의 변의 길이의 몇 배인가를 비교하는 것입니다.

$$\frac{\text{변 } A'B'}{\text{변 } AB} = 2 \qquad \frac{\text{변 } B'C'}{\text{변 } BC} = 2 \qquad \frac{\text{변 } C'A'}{\text{변 } CA} = 2$$

한쪽이 다른 한쪽의 몇 배인지를 분수로 나타내는 것을 '**비의 값**' 이라고 합니다.

서로 닮음인 삼각형은 **대응하는 세 변의 길이의 '비의 값'이 모두 같습니다.** 이런 비의 값을 특별히 **닮음비**라고 합니다.

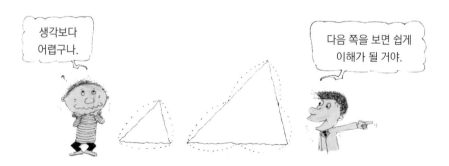

생각보다
어렵구나.

다음 쪽을 보면 쉽게
이해가 될 거야.

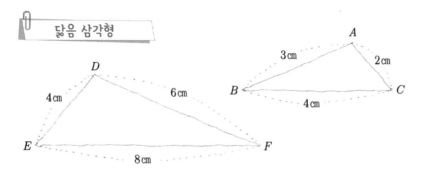

위의 그림에서 대응한다고 생각되는 변의 길이의 비의 값을 조사합니다.

$$\frac{\text{변 } DE}{\text{변 } AB} = \frac{4\,\text{cm}}{2\,\text{cm}} = 2$$

$$\frac{\text{변 } EF}{\text{변 } BC} = \frac{8\,\text{cm}}{4\,\text{cm}} = 2$$

$$\frac{\text{변 } FD}{\text{변 } CA} = \frac{6\,\text{cm}}{3\,\text{cm}} = 2$$

이렇게 맞추었을 때만 비의 값이 같습니다.

위 삼각형의 닮음비를 다음과 같이 말할 수 있습니다.

'삼각형 DEF의 삼각형 ABC에 대한 닮음비는 2이다.'

이것은 세 쌍의 변을 잘 맞추었을 때, 삼각형 DEF의 변은 모두 삼각형 ABC의 변의 두 배가 된다는 것입니다(대응하고 있는지 아닌지 알기 어려운 삼각형의 경우, 변을 다양하게 맞추어 볼 필요가 있습니다).

$\triangle ABC$와 $\triangle DEF$의 닮음비는 2입니다.

그렇게 말하면 어느 쪽이 큰 쪽인지 알 수 없어.

예 앞쪽의 그림에서 삼각형 ABC의 삼각형 DEF에 대한 닮음비
는 $\dfrac{1}{2}$ 입니다.

$$\dfrac{\text{변 } AB}{\text{변 } DE} = \dfrac{2\,\text{cm}}{4\,\text{cm}} = \dfrac{1}{2}$$

$$\dfrac{\text{변 } BC}{\text{변 } EF} = \dfrac{4\,\text{cm}}{8\,\text{cm}} = \dfrac{1}{2}$$

$$\dfrac{\text{변 } CA}{\text{변 } FD} = \dfrac{3\,\text{cm}}{6\,\text{cm}} = \dfrac{1}{2}$$

> 닮음비에는
> cm와 같은 단위가
> 붙지 않습니다.

아래의 삼각형도 닮음인데, 삼각형 ABC의 삼각형 DEF에 대한
닮음비는 $\dfrac{2}{3}$ 입니다.

> 대응하고 있는 변을
> 조사해 보면 되나요?

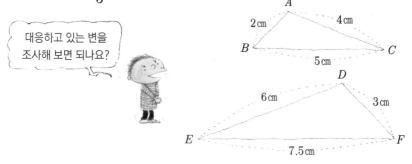

아래의 삼각형 ABC와 삼각형 ADC는 닮음이 아닙니다.

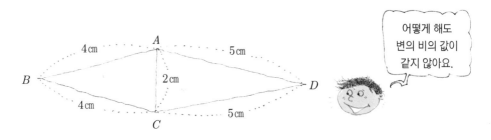

> 어떻게 해도
> 변의 비의 값이
> 같지 않아요.

닮음의 3조건

이제까지 서로 닮음인 두 삼각형은 대응하는 세 쌍의 각이 같고, 대응하는 세 쌍의 변의 길이의 비가 같다는 것을 배웠습니다.

반대로 대응하는 두 삼각형에 대해서 대응하는 세 쌍의 각이 같고, 대응하는 세 쌍의 변의 길이의 비가 같을 때 닮음입니다.

두 삼각형이 있을 때, 이것이 닮음인지 아닌지를 조사하기 위해서 세 쌍의 각과 세 쌍의 변을 모두 조사할 필요가 있을까요? 합동의 3조건(93쪽)처럼 뭔가 좋은 방법이 없을까요?

★합동의 3조건

합동
↗ (1) 세 변이 같다.
↔ (2) 두 변과 끼인각이 같다.
↘ (3) 한 변과 양 끝각이 같다.

뭔가 좋은 방법이 없을까요?

★닮음의 3조건

닮음
↗ (1) ?
↔ (2) ?
↘ (3) ?

다음 (1), (2), (3)을 삼각형의 닮음의 3조건이라고 합니다.

(1) 세 쌍의 변의 길이의 '비의 값'이 모두 같다.

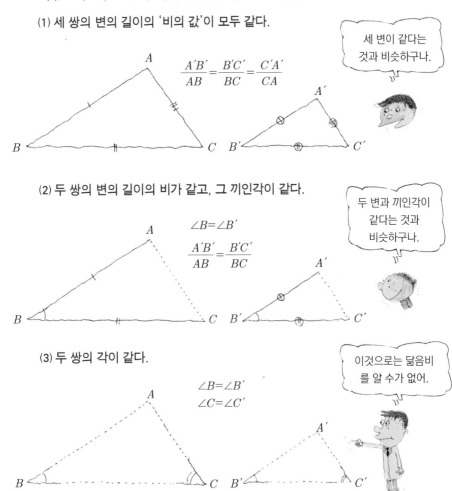

$$\frac{A'B'}{AB} = \frac{B'C'}{BC} = \frac{C'A'}{CA}$$

세 변이 같다는 것과 비슷하구나.

(2) 두 쌍의 변의 길이의 비가 같고, 그 끼인각이 같다.

$$\angle B = \angle B'$$

$$\frac{A'B'}{AB} = \frac{B'C'}{BC}$$

두 변과 끼인각이 같다는 것과 비슷하구나.

(3) 두 쌍의 각이 같다.

$$\angle B = \angle B'$$
$$\angle C = \angle C'$$

이것으로는 닮음비를 알 수가 없어.

삼각형이 두 개 있을 때, 그것들이 서로 닮음이라면 위의 (1), (2), (3)은 모두 성립합니다. 반대로 (1), (2), (3) 중 어느 하나가 성립하면 두 삼각형은 서로 닮음입니다. 단 (3)만은 닮음이라는 사실은 알 수 있지만, 그 닮음비는 알 수가 없습니다.

예제 꼭지각이 같은 이등변삼각형은 닮음이라는 사실을 설명해 보세요.

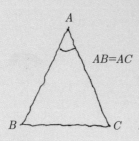

$AB=AC$

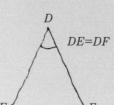

$DE=DF$

꼭지각 $\angle A$와 $\angle D$가
같다고 합니다.

답 ···

$AB=AC$, $DE=DF$, $\angle A=\angle D$인 두 이등변삼각형에 대해서

$\dfrac{\text{변 } AB}{\text{변 } DE}=\dfrac{\text{변 } AC}{\text{변 } DF}$. 즉 2쌍의 변의 길이의 비가 같고, 끼인각이 같

으므로 닮음. (닮음의 3조건 중 (2)) 답 2

$$\angle B=\frac{(180°-\angle A)}{2}=\frac{(180°-\angle D)}{2}=\angle E$$

두 삼각형의 두 각이 같으므로 닮음. (닮음의 3조건 중 (3))

문제 삼각형 ABC와 삼각형 DEF는 서로 닮음입니다. 단 $AB=6$cm, $AC=3$cm,
$\angle A=\angle D=40°$입니다.

(1) 변 $DE=3$cm, 삼각형 DEF의 삼각형 ABC에 대한 닮음비가 $\dfrac{1}{2}$ 이라면
변 DF는 몇 cm일까요?

(2) 변 $DE=2$cm, 삼각형 DEF의 삼각형 ABC에 대한 닮음비가 $\dfrac{1}{2}$ 이라면
변 DF는 몇 cm일까요?

닮음은 어떻게 사용될까?

닮음을 사용하면 예를 들어 나무의 높이를 알 수 있습니다.

위의 그림처럼 1m의 막대 *BC*를 지면에 수직으로 세우고, 나무의 그림자와 맞추었을 때 삼각형 *ABC*와 삼각형 *ADE*는 닮음입니다. 왜냐하면

① ∠*A*은 삼각형 *ABC*와 삼각형 *ADE*의 공통의 각.

② ∠*ACB*=∠*AED*=90°

두 쌍의 각이 같으면 닮음   ⋯(3)의 조건.

닮음이라면 대응하는 변의 비가 같으므로

$$\frac{\text{변 } AE}{\text{변 } AC} = \frac{\text{변 } DE}{\text{변 } BC}$$

이 식에 위의 그림의 길이를 대입시키면

$$\frac{10m}{2m} = \frac{변\,DE}{1m}$$

이것을 풀면, $DE=5m$가 됩니다.　　⬤답　5m

만약 아래 그림의 지도에서 선분 AB의 길이가 2㎝라면, 진짜 길이는 1㎞가 됩니다.

2㎝×50000=100000㎝=1000m=1㎞

이 지도는 50000분의 1의 닮음비로 그려져 있습니다.

자동차 등을 설계할 때의 설계도는 진짜와 닮음입니다. 또한 소형 모형으로 여러 가지를 조사하는데, 이런 모형도 진짜와 닮음입니다.

철도 모형도 철도와 닮음입니다.

닮음을 사용하면 지구에서 별까지의 거리를 알 수 있습니다.

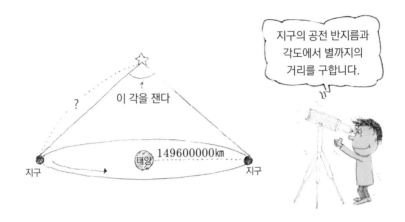

지구의 공전 반지름과
각도에서 별까지의
거리를 구합니다.

?

이 각을 잰다

149600000km

태양

지구   지구

그 외에도 지구 측량을 할 때 닮음을 사용합니다.

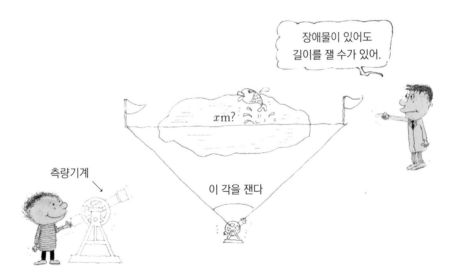

장애물이 있어도
길이를 잴 수가 있어.

xm?

측량기계

이 각을 잰다

문제 1 아래 그림에서 변 AB와 변 CD가 평행일 때, x의 길이를 구해 보세요.

(1)

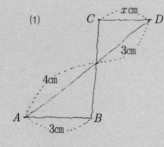

(2)

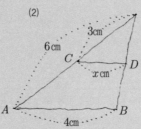

닮음인 삼각형을 찾아봐.

문제 2 아래 그림에서 x, y의 길이를 구해 보세요.

(단, ∠BAC＝∠ADC＝90°입니다.)

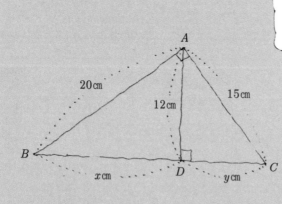

서로 닮음인 삼각형은 전부 세 개 있어요.

126　생각하는 초등수학 첫 번째 도형

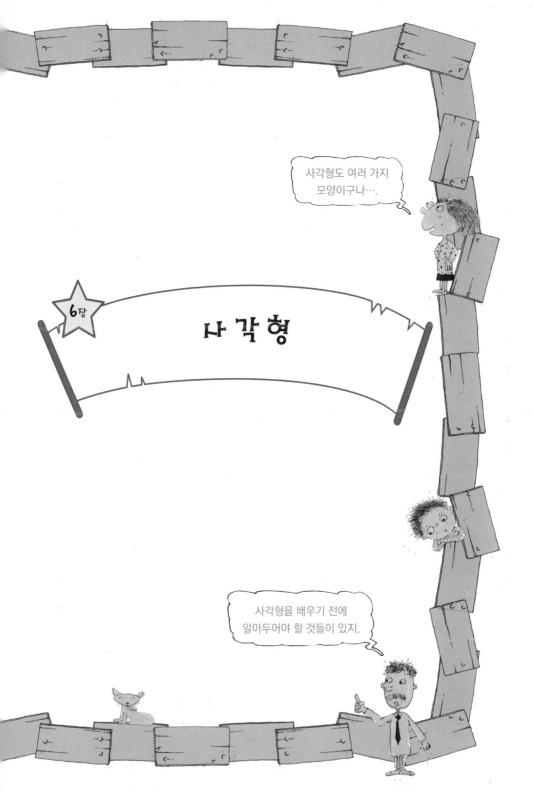

사각형도 여러 가지
모양이구나….

6장

사 각 형

사각형을 배우기 전에
알아두어야 할 것들이 있지.

사각형은 '네 개의 직선으로 둘러싸인 도형'이라고 할 수 있습니다.

이런 모양이 사각형입니다.

제대로 설명해 볼까?

우리 주변에는 사각형이 많이 있습니다. 여러분도 찾아보세요.

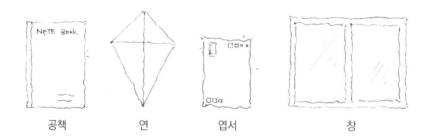

| 공책 | 연 | 엽서 | 창 |

아래의 도형은 사각형이 아닙니다.

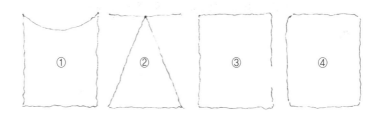

그 이유는 다음과 같습니다.

① 직선만으로 완성된 것이 아니다.

② 세 직선으로 둘러싸여 있다.

③ 둘러싸여 있지 않다(끊어진 부분이 있다).

④ 직선만으로 되어 있지 않다.

네 개의 직선으로
둘러싸여 있기 때문에
사각형이지만…

이것도
사각형일까요?

180°보다 크다

위와 같은 도형은 네 개의 직선으로 둘러싸여 있으므로 사각형이지만, 이 사각형은 180°보다 큰 각을 하나 가지고 있습니다. 이런 사각형을 **오목 사각형**이라고 합니다. 이에 비해 모든 각이 180°보다 작은 사각형을 **볼록 사각형**이라고 합니다.

이 책에서 말하는 사각형은 모두 볼록 사각형입니다.

사각형을 배우기 위한 준비

사각형에는 네 개의 꼭짓점과 네 개의 변이 있습니다. 네 개의 변이 있으므로 사변형이라고도 합니다.

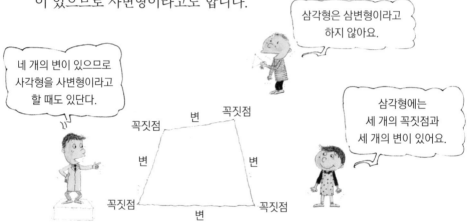

> 삼각형은 삼변형이라고 하지 않아요.

> 네 개의 변이 있으므로 사각형을 사변형이라고 할 때도 있단다.

> 삼각형에는 세 개의 꼭짓점과 세 개의 변이 있어요.

꼭짓점 변 꼭짓점

꼭짓점 변 꼭짓점

변 변 변

사각형의 꼭짓점에도 삼각형과 마찬가지로 A, B, $C \cdots$ 등 알파벳 대문자를 사용합니다.

$A, B, C, D \ldots$

> 이 사각형을 '사각형 $ABCD$'라고 읽어.

> 한 바퀴 돌면서 읽는군요.

A D

B C

꼭짓점의 이름이 정해지면 변과 각에도 자연히 이름이 생깁니다.

∠C 대신에 ∠BCD라거나
∠DCB라고 해도 돼.

CB라고
해도 됩니다.

대각선

같은 변 위에 있지 않은 꼭짓점과 꼭짓점을 이은 선분을 대각선이라고 합니다. 사각형에는 항상 두 개의 대각선이 있습니다(삼각형에는 대각선이 없습니다).

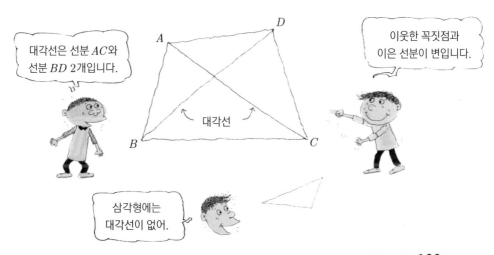

대각선은 선분 AC와
선분 BD 2개입니다.

이웃한 꼭짓점과
이은 선분이 변입니다.

삼각형에는
대각선이 없어.

3 사각형의 내각과 외각

사각형에도 내각과 외각이 있습니다. 삼각형과 마찬가지로 단순히 '각'이라고 하면 내각을 뜻합니다.

맞꼭지각은 항상 같으므로 어느 쪽을 외각이라고 해도 상관없습니다.

사각형의 네 개의 내각의 합은 항상 360°가 됩니다. 그것은 다음과 같이 확인할 수 있습니다.

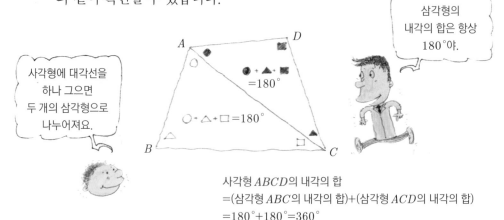

삼각형의 내각의 합은 항상 180°야.

사각형에 대각선을 하나 그으면 두 개의 삼각형으로 나누어져요.

사각형 $ABCD$의 내각의 합
=(삼각형 ABC의 내각의 합)+(삼각형 ACD의 내각의 합)
=180°+180°=360°

사각형의 외각의 합은 항상 360°가 됩니다. 그것은 다음과 같이
확인할 수 있습니다.

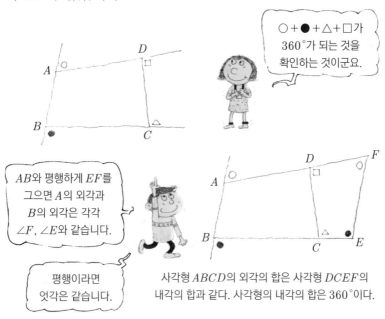

○+●+△+□가
360°가 되는 것을
확인하는 것이군요.

AB와 평행하게 EF를
그으면 A의 외각과
B의 외각은 각각
∠F, ∠E와 같습니다.

평행이라면
엇각은 같습니다.

사각형 ABCD의 외각의 합은 사각형 DCEF의
내각의 합과 같다. 사각형의 내각의 합은 360°이다.

사각형의 외각의 합이 항상 360°가 되는 것은 다음과 같이 확인
할 수 있습니다.

사각형의 내각과 외각을
모두 더한 각도는
$180° \times 4 = 720°$
내각의 합은 360°이므로
외각의 합 $= 720° - 360°$
　　　　 $= 360°$

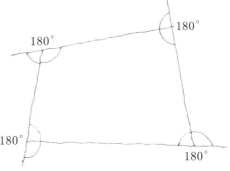

여러 사각형

사각형에는 여러 모양이 있지만 그중에서도 특별한 이름을 가진 모양이 여섯 종류 있습니다.

(1) 정사각형

네 변의 길이가 같고, 네 각이 같은 사각형. 사각형의 내각의 합이 $360°$이므로 한 각은 $360°÷4=90°$입니다. 크기는 여러 가지이지만 모양은 모두 같습니다.

우리 주변의 정사각형

(2) **마름모**

네 개의 변의 길이가 같은 사각형. 각의 크기에 따라 여러 모양이
있습니다.

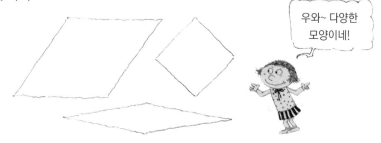

우와~ 다양한
모양이네!

(3) **직사각형**

네 개의 각이 같은 사각형. 변의 길이가 다른 여러 모양이 있습니
다. 각은 모두 직각입니다.

직사각!

직사각형
이라고 해.

우리 주변의 직사각형

위에서 본다.

책상

직사각형!

(4) 평행사변형

마주보는 두 쌍의 변이 평행인 사각형. 각의 크기, 변 길이가 다른 여러 모양이 있습니다.

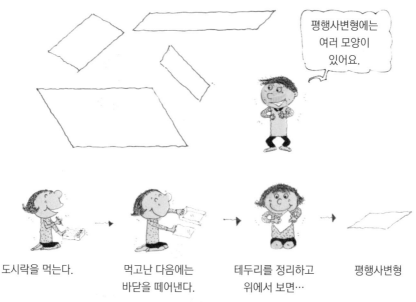

평행사변형에는 여러 모양이 있어요.

도시락을 먹는다.

먹고난 다음에는 바닥을 떼어낸다.

테두리를 정리하고 위에서 보면…

평행사변형

(5) 사다리꼴

마주보는 한 쌍의 변이 평행인 사각형. 평행인 변을 밑변이라고 하는데, 그림을 봤을 때 위의 밑변을 윗변, 아래의 변을 아랫변이라고 하기도 합니다.

윗변

윗변

아랫변

아랫변

윗변과 아랫변이라는 이름은 사다리꼴의 면적을 구할 때 사용합니다.

(6) 등변사다리꼴

평행하지 않은 두 변의 길이가 같은 사다리꼴.

윗변

아랫변

사다리꼴이므로 윗변과 아랫변은 평행이에요.

뜀틀의 윗부분을 떼어내고…

정면에서 보면 사다리꼴!

  예제 다음 문장들은 옳은가요? 그 이유를 말해 보세요.

(1) 정사각형은 직사각형입니다.

(2) 직사각형은 정사각형입니다.

(3) 정사각형은 등변사다리꼴입니다.

복잡한데요.

답 ‥‥‥‥‥‥‥‥‥‥‥‥‥‥‥‥‥‥‥‥‥‥‥‥‥‥‥‥‥‥‥‥‥‥‥‥‥‥‥

(1)…정사각형은 네 개의 각이 같고, 네 개의 변이 같은 사각형. 네 개의 각이 같은 사각형은 직사각형. → 옳다.

(2)…직사각형은 네 개의 각이 같은 사각형. 네 개의 각이 같다고 해서 네 개의 변이 같다고는 할 수 없다. → 틀렸다.

문제 위의 예제 (3)을 스스로 풀어 보세요.

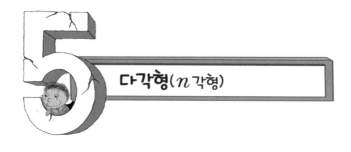

5 다각형(n각형)

이제까지 삼각형과 사각형에 대해서 배웠습니다. 삼각형은 세 개의 직선으로 둘러싸인 도형, 사각형은 네 개의 직선으로 둘러싸인 도형이었습니다.

다각형이란 많은 직선으로 둘러싸인 도형일까요?

셋 이상의 직선으로 둘러싸인 도형을 모두 '다각형' 이라고 해.

마찬가지로 다섯 개의 직선으로 둘러싸인 도형을 오각형이라고 합니다. 오각형에는 다섯 개의 변과 다섯 개의 꼭짓점이 있습니다. 또한 육각형은 여섯 개의 직선으로 둘러싸인 도형, 칠각형은 일곱 개의 직선으로 둘러싸인 도형으로 얼마든지 변의 수를 생각할 수 있습니다.

이렇게 셋 이상의 직선으로 둘러싸인 도형을 모두 다각형이라고 합니다.

n개의 각이 있는 다각형을 n각형이라고 합니다. 단 n은 3 이상의 자연수입니다. $n=3$일 때 삼각형, 4일 때 사각형, 5일 때 오각형입니다. n각형은 n개의 직선으로 둘러싸인 도형으로 n개의 변과 n개의 꼭짓점이 있습니다.

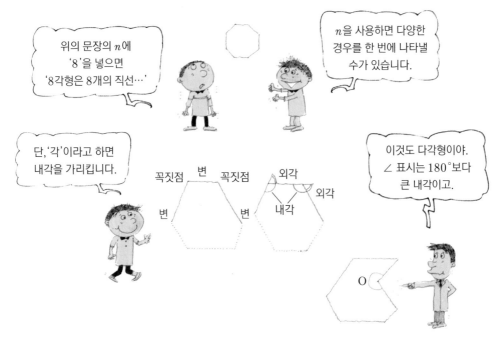

n각형의 내각의 합

삼각형의 내각의 합은 $180°$, 사각형의 내각의 합은 $360°$였습니다. 그렇다면 오각형의 내각의 합은 몇 도일까요? 이것을 생각하기 위해서 오각형의 한 꼭짓점에서 대각선을 긋습니다. 그림처럼 대각선을 두 개 그을 수 있고, 세 삼각형으로 나눌 수 있습니다.

보조선을 긋습니다.

오각형의 내각의 합은 세 삼각형의 내각의 합과 같습니다.

위의 그림에서 오각형의 내각의 합은 다음과 같습니다.

오각형의 내각의 합=(삼각형의 내각의 합)×3=$180°×3=540°$

여기서는 오각형을 세 삼각형으로 나누었는데 이것은 가장 간단하고, 이해하기 쉽기 때문입니다.

아래의 그림과 같이 다섯 개의 삼각형으로 나눌 수도 있습니다.

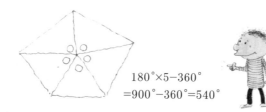

$180°×5-360°$
$=900°-360°=540°$

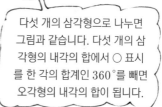

다섯 개의 삼각형으로 나누면 그림과 같습니다. 다섯 개의 삼각형의 내각의 합에서 ○ 표시를 한 각의 합계인 $360°$를 빼면 오각형의 내각의 합이 됩니다.

문제 1 (1) 육각형의 내각의 합을 구해 보세요.
(2) 칠각형의 내각의 합을 구해 보세요.

그림을 그려 보면
됩니다.

마찬가지로 n각형의 내각의 합을 구할 때는 n각형을 $(n-2)$개의 삼각형으로 나누어서 생각하면 됩니다.

그러면 다음과 같은 사실을 알 수 있습니다.

n**각형의 내각의 합**$=180°×(n-2)$

위의 식의 n에 $3, 4, 5, 6\cdots$을 대입하면

삼각형의 내각의 합$=180°×(3-2)=180°$

사각형의 내각의 합$=180°×(4-2)=360°$

오각형의 내각의 합$=180°×(5-2)=540°$

육각형의 내각의 합$=180°×(6-2)=720°$

$\cdots$ 가 됩니다. n을 사용하면 매우 편리합니다.

문제 2 n각형의 외각의 합은 항상 $360°$라는 사실을 확인해 보세요.

힌트 n각형의 외각과 내각을 모두 더하면$\cdots$

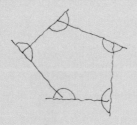

내각과 외각을
모두 합하면 $180°×5$.
내각은 $540°$이므로$\cdots$

7 정다각형 (정 n 각형)

모든 변의 길이가 같고, 모든 내각이 같은 다각형을 **정다각형**(정 n 각형) 이라고 합니다.

n각형의 내각의 합은 $180° \times (n-2)$였습니다. 정n각형의 내각은 모두 같으므로 정n각형의 한 내각은 다음 식으로 나타낼 수 있습니다.

정n각형의 한 내각 $= 180° \times (n-2) \div n$

위의 식의 n에 3, 4, 5, …를 대입하면

정삼각형의 한 내각 $= 180° \times (3-2) \div 3 = 60°$

정사각형의 한 내각 $= 180° \times (4-2) \div 4 = 90°$

정오각형의 한 내각 $= 180° \times (5-2) \div 5 = 108°$

…가 됩니다.

n을 사용하면 많은 것을 한 번에 나타낼 수 있습니다.

문제 정육각형, 정팔각형의 한 내각을 구해 보세요.

정말 재미있어요!

이 다음은 《두 번째 도형》에서 계속 알아보자.

더 하고 싶어요.

사각형의 성질, 원의 면적에 대해서는 생각하는 초등수학 시리즈 중 《두 번째 도형》에서 공부합니다.

우와~ 여기에는 사각형이 무진장 많네.

문제의 답

도형을 알게 되면 기하학의 첫 단추가 채워져.

문제의 답

(1) $43°$

(2) $108°$ (선 자체의 굵기가 있고, 각도기의 눈금에도 오차가 있을 수 있으므로 $1°$ 정도의 차이는 무시합니다.)

35쪽 참조.

1. ① $\angle C$, 변 AB ($\angle A$를 정하면 $\angle C$도 정해집니다(76쪽). 그러면 삼각형이 하나 정해지므로 '$\angle A$'도 정답이라고 할 수 있습니다. 변 AC를 정해도 삼각형은 정해지지 않습니다.)

   ② 변 BC, $\angle A$

   ③ 변 AC ($\angle A$와 $\angle C$가 정해지면 $\angle B$도 정해집니다(76쪽). 그래서 '변 AB'와 '변 BC'도 정답이라고 할 수 있습니다.)

2. 그림과 같습니다.

(1)

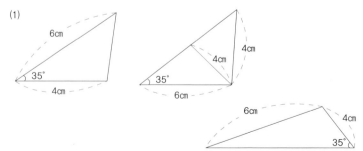

(2)

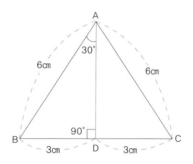

1. ● 표시 …… ∠EBD(혹은 ∠DBE)

　　△ 표시 …… ∠DBC(혹은 ∠CBD)

2. 자와 컴퍼스를 사용해서 세 변의 길이가 6㎝인 정삼각형을 그립니다(42쪽). 아래의 그림과 같이 BD=DC=3㎝가 되도록 AD를 그리면 ∠BAD=30°, ∠BDA=90°가 됩니다.

(1) 61°　　(2) 220°　　(3) 153°　　(4) 271°　　(5) 21°

(1) ∠BXE(혹은 ∠EXB)　　(2) ∠ABC(혹은 ∠CBA)

(3) ∠AXE(혹은 ∠EXA)　　(4) ∠AXE(혹은 ∠EXA)

68쪽 (1) $\angle DXC$(혹은 $\angle CXD$)   (2) BXD(혹은 DXB)

(3) $\angle BXA$(혹은 $\angle AXB$)

(4) BXA(혹은 AXB) …… 왜냐하면

$$\angle DXB - \angle CXA = (\angle DXC + \angle CXB) - (\angle CXB + \angle BXA)$$
$$= \angle DXC - \angle BXA$$

74쪽 $d = 180° - a$, $h = 180° - e$. 여기서 $a = e$이므로 $d = h$.

d와 b, h와 f는 각각 맞꼭지각이므로 $d = b$, $h = f$.

이것으로 $d = b = h = f$.

79쪽 1. ① 외각 ……$43° + 92° = 135°$

      내각 ……$180° - 135° = 45°$

   ② 외각 …… $105°$, 내각 ……$75°$

   ③ 외각 …… $131°$, 내각 ……$49°$

2. 힌트에서, 세 외각과 세 내각의 합은 $540°$입니다. 이것에서 세 내각의 합 $180°$를 뺀 것이 세 외각의 합이 됩니다.

    $540° - 180° = 360°$ …… 답

80쪽 (1) $98°$ (2) $33°$ (3) $35°$ (4) $25°$ (5) $80°$

(6) $52°$(그림)   (7) $71°$(그림)   (8) $44°$(그림)

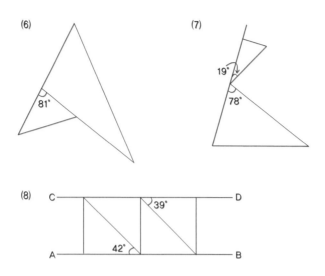

(6) 81°

(7) 19° 78°

(8) C — D, 39°, A — B, 42°

85쪽 1. (3)만 만들 수 있고, 나머지는 만들 수 없습니다.

2. 5, 11

87쪽 힌트의 그림을 보면, '삼각형의 두 변의 합은 다른 한 변보다 깁니다'. 따라서 $AB+AB'$는 BB'보다 깁니다. 여기서 $AB+AB'=(AB$의 2배$)$, $BB'=(BC$의 2배$)$이므로, AB는 BC보다 깁니다. AB가 CA보다 길다 는 것은 아래의 그림을 생각하면 됩니다.

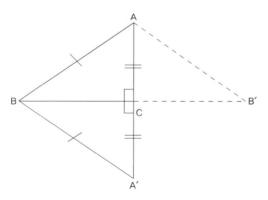

(2)와 (8) …… 한 변과 양 끝각이 같습니다(내각의 합이 $180°$이므로 (8)의

나머지 각은 $110°$).

(3)과 (4) …… 두 변과 끼인각이 같습니다.

(5)와 (7) …… 세 변이 같습니다.

1. (1)$\angle B=\angle C=58°$이므로 $\angle A=180°-(58°+58°)=64°$

   (2)$\angle A=\angle B=(180°-50°)\div2=65°$

2. 정삼각형 ABC는 세 변의 길이가 같은 삼각형이므로

   $AB=AC=BC$.

   $AB=AC$이므로 $\angle B=\angle C$ ……①

   $AB=BC$이므로 $\angle A=\angle C$ ……②

   〈①과 ②는 모두 성질 1〉

   ①과 ②에서 $\angle A=\angle B=\angle C$. 삼각형 내각의 합은 $180°$이므로 세
   내각은 모두 $60°$가 됩니다.

3. 직각삼각형은 한 각이 직각=$90°$인 이등변삼각형인데 이 직각은 삼
   각형의 꼭지각이지 밑각이 되는 일은 없습니다. 왜냐하면 $90°$의 각
   이 밑각이면 남은 한 밑각도 $90°$(성질 1)이어서, 두 각의 합이 $180°$
   가 됩니다. 따라서 삼각형이 되지 않습니다.

   꼭지각이 $90°$이고, 삼각형의 내각의 합이 $180°$이므로 두 밑각의 합
   은 $90°$입니다. 그래서 각각의 밑각은 $45°$입니다.

4. 힌트의 왼쪽 그림으로

   ($AB=AC$ …… (1))이므로, $\angle B=\angle C$라고 할 수 있습니다(성질 1).

   삼각형의 내각의 합이 $180°$이므로 $\angle B=\angle C=60°$이다. A도 $60°$이므
   로 $\angle A=\angle C$. 이것으로 $AB=BC$ …… (2)라고 할 수 있습니다(성질 2).

(1)과 (2)에서 $AB=BC=AC$가 되고, 삼각형 ABC는 정삼각형입니다. 힌트의 오른쪽 그림으로

$AB=AC$이므로, $\angle B=\angle C=60°$입니다. 이것으로 $\angle A=60°$이고, 그 다음은 위의 설명과 같습니다. – 정삼각형.

이것으로 한 각이 $60°$인 이등변삼각형은 항상 정삼각형이라는 사실을 알 수 있습니다.

$\angle AEC$와 $\angle BEC$는 합동이므로 대응하는 각이 같습니다.

그래서 $\angle CEA=\angle CEB$

또한 $\angle CEA+\angle CEB=180°$ (직선)

그래서 $\angle CEA=\angle CEB=90°$.

1. (1) $x=46°$, $y=67°$, $z=67°$

    (2) $x=18°$, $y=135°$, $z=45°$

    (3) $x=32°$, $y=26°$, $z=64°$

2. 힌트의 그림을 보면서 다음을 읽어 보세요.

    $AB=AC$ …… ①

    $\angle ADB=\angle ADC=90°$ …… ②

    라는 사실을 사용해서 $\triangle ABD$와 $\triangle ACD$가 합동이라는 사실을 말하면 (2)의 답이 됩니다(왜냐하면 합동이라면 대응하는 변이 같기 때문이다).

    ①에서 $\angle B=\angle C$ …… ③(성질 1)

    ②와 삼각형의 내각의 합이 $180°$이라는 사실을 사용해서

    $\angle BAD=90°-\angle B=90°-\angle C=\angle CAD$ …… (1)의 답이 됩니다.

    ①, ③, (1)에서 $\triangle ABD$와 $\triangle ACD$는 한 변과 양 끝각이 같아서 합동

이라 할 수 있습니다. 즉 대응하는 변의 길이가 같습니다($BD=CD$
…… (2)).

 1. (힌트)

(1) 각을 이등분하는 방법으로 $180°$(직선)의 각을 이등분합니다. (컴
퍼스 벌리는 방법을 연구합니다)

(2) 삼각형을 그리는 방법으로……

(3), (4) $90°$와 $60°$를 각각 이등분합니다.

2. (1) $\angle ABC=49°$, $\angle ADC=41°$, $\angle DAC=98°$

(2) 힌트에서 ○+○+●+●=$180°$ 이므로, ○+●=$\angle DCB=90°$가
된다. 식을 쓰면 다음과 같습니다.

$AB=AC$이므로 $\angle B=\angle ACB$ ……①

$AB=AD=AC$이므로 $\angle D=\angle ACD$ ……②

삼각형의 내각의 합은 $180°$이므로

$\angle B+\angle D+\angle ACB+\angle ACD=180°$ ……③

①, ②, ③에서

$\angle BCD=\angle ACB+\angle ACD=90°$ - 직각.

 (1) $DF=1.5\,\mathrm{cm}$ (2) $DF=4\,\mathrm{cm}$

 1. ① $x=2.25\,\mathrm{cm}$('엇각이 같으므로 2쌍의 각이 같고, 두 삼각형은 닮음이다'
는 사실을 사용합니다.)

② $x=2\,\mathrm{cm}$('동위각이 같으므로 2쌍의 각이 같고, 두 삼각형은 닮음이다'는
사실을 사용합니다.)

2. ∠BCA와 ∠BAD와 ∠ACD는 각각 2쌍의 각이 같으므로 닮음이

다. (1쌍의 각은 직각. 다른 1쌍의 각은 모두 공통의 각이므로.) 따라서 닮

음비를 사용해서

$\dfrac{15}{20} = \dfrac{15}{x} = \dfrac{y}{12}$ 이므로 $x=16, y=9$

x는 16cm, y는 9cm입니다.

 정사각형은 마주하는 1쌍의 변이 평행(엇각이 90°)이고, 다른 1쌍의 변

은 같습니다 - 옳습니다

1. ① 한 꼭짓점에서 세 개의 대각선을 긋고 네 개의 삼각형으로 나누면

180°×4=720° ……답

② 마찬가지로 다섯 개의 삼각형으로 나누면

180°×5=900° ……답

2. n각형의 n개의 외각과 내각을 더한 것은 180°×n이 됩니다. 또한 n

각형의 내각의 합은 180°×$(n-2)$이므로

n각형의 외각의 합

$=180°×n-180×(n-2)$

$=180°×n-180°×n+180°×2$

$=180°×2=360°$

145쪽 각각 120°, 135°

생각하는 초등수학 시리즈는 아이들이 자진해서 수학 책을 즐겁게 읽을 수 있도록 기획한 것입니다.

그중《첫 번째 도형》은 수학 중에서도 도형 부분, 즉 '초등 기하학'에 대해서 설명했습니다.

도형을 배우는 목적은 단순히 도형을 아는 것만이 아닙니다. 정리의 증명을 생각하는 것을 통해서 과학적 사고법을 배운다는 큰 목적을 가지고 있습니다. 이것이야말로 수학 교육 전반에 있어서 가장 중요한 목적의 하나라고 해도 과언이 아닙니다.

입시전쟁이 치열한 요즘 수학에서는, 마구잡이로 지식을 쑤셔 넣는 일과 이해 속도를 다투는 것에만 비중을 두고 스스로의 힘으로 꼼꼼히 그 원리를 찾고 생각하는 일에는 관심을 가지지 않고 있습니다. 이것은 점차 심각한 문제를 초래하게 될 것입니다.

프랑스의 심리학자 삐아제에 따르면, 8~9세경부터 논증에 대한 욕구가 싹튼다고 합니다. 따라서 이 시기에 아동의 욕구에 적당한 자극을 주는 것은 큰 의미가 있습니다.

이런 관점을 바탕으로《첫 번째 도형》은 아이들이 도형의 성질을 명백하게 배우고 '왜 그렇게 되는가'에 대해 이유를 명확하게 이해하게끔 쓰여졌습니다. 따라서 기본적 사항에 대해서는 결과만이 아니라 자세한 설명과 더불어 다양한 주의도 곁들였습니다. 이를 위해 사용하는 말(수학적 개념의 정의)은 가능한 정확하고 쉬운 것을 사용했습니다. 수학을 잘 하지 못하는 학생 중에는 수학에서 쓰는 말을 잘 이해하지 못하는 사람이 의외로 많기 때문입니다. 단, 너무 정확하고 자세하게 정의를 설명했을 때 오히려 그 이해가 어려워질 수도 있는 경우에는 직관적이고 명쾌한 설명을 선택했습니다.

독자들은 아마도 이 책을 통해서 수학 책을 읽는 경험을 처음 하실 것입니다. 특히 초등 기하학처럼 논증을 의식적으로 다루는 수학 책을 처음 읽을 경우, 설명 문장이 직접적이지 않아서 이해가 잘 안 될 수도 있습니다. 이런 결점을 피하기 위해서 이 책에서는 적극적으로 그림을 사용하고 쉬운 문장을 선택했습니다. 그러므로 이 책의 그림은 단순히 만화적으로 꾸미기 위한 것이 아니라 본문과 마찬가지로 중요한 역할을 합니다. 그림이 많은 책은 언뜻 가볍게 보이기도 하지만 이 책의 경우는 그 효과가 크게 기대됩니다.

이 책을 통해 학생들이 스스로 꼼꼼한 사고의 중요성과 즐거움을 느낄 수 있게 되기를 바라는 마음입니다. 이것은 마구 쑤셔 넣는 지식보다도 장래의 우리 사회에 큰 에너지가 될 것입니다.

《첫 번째 도형》책을 작업하다 보니, 중학교 때 배웠던 잘생긴 수학 선생님이 생각났다. 집안 사정으로 나는 일본에서 중학교를 다녀야 했다. 중학교에 입학했을 때, 담임은 대학을 갓 졸업한 총각 수학 선생님이었다. 여학생들은 왠지 쑥스러워서 선생님의 얼굴을 제대로 보지 못했고, 선생님도 쑥스러워서 우리의 얼굴을 제대로 보지 못하는 수줍은 분위기의 수학시간이 예쁜 기억으로 떠오른다.

일본어가 서툴기 때문이기도 했지만, 잘하는 과목은 수학이었다. 계산은 특히 잘했다. '한국어 리듬의 구구단'은 일본 친구들에게 보여 줄 수 있는 나의 유일한 재주이자 자랑이었다. 중학교 수학에서는 도형의 합동이니 증명이니 하는 것이 주를 이룬 것으로 기억된다.

그땐 왜 그랬을까? 수학 문제집을 살 수 없을 정도로 가난하지는 않았는데, 나는 꼭 교실에 비치된 수학 문제집을 빌려다가 문제를 풀었다. 출판사에서 보내온 문제지가 교실에는 항상 비치되어 있었다. 아마 그 순간만은 오드콜로뉴 향이 나는 수학 선생님에게 다가갈 수 있었기 때문인지도 모르겠다.

'이러이러해서 이러하다. ∴ 합동이다.' 이런 식의 전개는 지금도 나의 문장에서 살아 움직인다. 노트 정리를 할 때나 일기장에서도, '∴'을 잘 쓴다. 그렇게 하면 그것으로 나의 글이 완성되었다는 묘한 만족감이 든다.

굳이 말한다면 도형은 수학이라기보다 논리이다. 그래서 이 책으로 읽어나가면서 이해하는 것이 바람직하다고 생각한다. 소설 책을 읽듯이 쉽게 읽어지지는 않을 것이다. 그러나 단어 하나하나, 문장 하나하나를 되씹으면서 읽는다면, 어느새 논리적인 머리를 가지게 될 것이다. 나도 이 책을 작업하면서, 반짝이던 중학생 시절을 기억했다. 오드콜로뉴의 향과 함께.

2007년 봄
옮긴이 고 선 윤